55

關於 **數學**
的100個故事

100 Stories of
Mathematics

王遠山◎著

　　數學在人類茹毛飲血的遠古時代就誕生了。在從事各類生產活動過程中，人類學會了用抽象的符號來度量數量和計算，用簡化的圖形來描繪事物和表達，以致於在幾千年前就累積了很多數學知識，並且有意識地使用。

　　做為人類文明的結晶，數學和人類歷史一樣不斷發展，成為每一個階段的人們認識世界和改造世界最有力的工具之一。毫不誇張地說，人類對數學掌握的程度，決定了人類文明的層次。

　　在科學技術高度發達的今天，數學在所有學科的發展中，成為披荊斬棘的先行者，任何一門自然科學和相當一部分社會科學，都大量使用數學學科的成果和研究方法才得到發展，成就了現代文明。與此同時，數學分類越來越多，內容也越來越抽象，甚至只能用簡略的符號進行形而上的表達。不可否認，世界上絕大多數人的認知仍然難逃具象的範圍，難以理解抽象的符號和其中表達的深刻含意，加上數學的研究和發展已經遠遠超過日常生活的範疇，絕大多數人也無法窺測和理解數學的宏大和瑰麗。這就使社會上出現了「數學是否應該退出大學考試」和「數學無用論」的爭論。

　　為了改變很多人對數學的不理解，筆者按照時間順序挑選並撰寫了

關於數學的一百個故事。這一百個故事涵蓋了傳說中的遠古時代、古希臘時期、羅馬帝國時期、文藝復興時期、近代和現代，著重講述了數學的每一個知識如何誕生，如何發展，如何分化，又如何引出了更多的數學概念，在講述上避免抽象的陳述，力求還原當時人類對數學的思考。這樣，讀者就可以瞭解和把握每一個數學概念誕生的原因和發展的脈絡。同時，這一百個故事也覆蓋了數學中幾乎所有的主要學科，早期的計數、算術、測量和數論，中期的分析學、代數學和幾何學、後期研究物件的分化和研究方法交叉使用誕生的代數拓撲學、微分幾何學等在本書中都有涉及。

在本書的最後，筆者寫到了一些著名的數學家，他們在數學史上熠熠生輝，但在數學圈之外卻很少為人所知。這些數學家來自各個年代和不同國家，有著不一樣的人生和精彩的故事，但相同的是，他們都為數學和人類文明的發展做出了不朽的貢獻，努力實現人類在數學上的宏願——超越人類極限，做宇宙的主人。

本書適合對數學有興趣的專業和非專業人士，不論是尋找課外書以開闊視野的中小學生、對數學有大致瞭解，從事各類工作的成人、還是數學學習者和數學史研究人員，閱讀本書無不適宜。而更多先進的研究

方法、抽象的描述和現代數學的最新進展，由於篇幅有限、內容過於抽象、小眾和筆者水準有限等原因，就不在本書中贅述。

　　筆者真心希望每一位讀者都能在本書中獲取到有益的知識。在閱讀本書後，讀者如果能燃起對數學的熱情，甚至投身數學研究事業做出一番貢獻，那更是善莫大焉。

　　自畢業以來，筆者一直從事課外輔導培訓工作，講授從國小到高中各個年級數學和奧林匹克數學競賽的課程，同時為各類數學報刊、雜誌和研究所培訓學校編撰試題。從事教育事業的十年來，筆者認識了很多熱愛數學的學生，他們對數學的熱情和對未知的探索精神讓我深深感動，但更多的卻是熱衷各種網路遊戲、手機遊戲，只想著應付數學考試的學生。

　　這種現象讓我想起了小時候，那個年代手機和網路是新鮮玩意兒，條件好的家庭可能會配置一台價格昂貴的電腦，而大多數條件普通的家庭甚至買不起任天堂的紅白機，如果能到遊戲店買幾個遊戲幣都是很奢侈的。在那種物質並不充裕年代，數學題就成為了我們的玩具，很多同伴不僅不畏懼解題的困難，甚至以解題為樂趣。而這種風氣在成年人圈中更甚，說起哪個孩子數學好，很多家長都會非常羨慕，因為在成年人的心裡，數學好和聰明是畫等號的，被評價數學好，是對自己孩子最大的褒獎。

　　筆者在大學讀了數學系，發現之前學習的大多數數學知識都不能稱為數學，只能勉強稱為算術。真正的數學的宏大、抽象和深刻，讓筆者相見恨晚，又慶幸自己在挑選科系上做出正確的選擇，於是把大多數時

間都投入到數學學習中，力求在短短的幾年接受人類幾百年的成果。雖然在畢業以後，筆者並沒有從事數學研究而選擇了數學教育工作，但始終關注著數學界的進展，並和從事數學研究的同學保持著聯繫。而這些，都是源自對數學的熱愛。

這種熱愛在現在的很多學生看來似乎不可理喻：明明有那麼多好玩的東西，為什麼非要在艱深抽象的數學上「浪費」時間？而我很清醒地知道，數學就像一座高峰，只有不畏艱難險阻到達峰頂，才能俯瞰美麗的景色，而他們在山腳下徘徊，自然不明白數學的樂趣。他們自然也無法理解，數學對思維的訓練作用，筆者能在業餘時間快速地學習和掌握網頁程式設計、actionscript 動畫程式設計和 android 開發等電腦技能，都是拜系統的數學學習和訓練所賜。

在講課之餘，筆者為多家圖書公司撰寫並出版了多本社會科學類、生活類等書籍，這些工作看似與數學教育和數學研究風馬牛不相及，只是一個興趣愛好，滿足筆者看到文檔變成鉛字的虛榮心。然而在二〇一四年年中，筆者接到紅螞蟻公司編輯韓老師的邀請，撰寫《關於數學

的 100 個故事》。這是一個把我的工作、寫書的副業和對數學的熱愛結合在一起的一項任務，也是向大眾普及數學的一項有益的工作，於是我欣然接受。

　　在寫作中，筆者經常沉浸在浩瀚的數學世界不能自拔。本書雖然不能稱為嘔心瀝血之作，但筆者至少也盡心盡力，傾注了全部熱情。看到書的完成，就像看到自己孩子誕生一樣，真心希望本書與讀者盡快見面。

目錄

第四章　分析學的發展期

第五章　幾何學與拓撲學的發展

第一章

數學的形成

1

始創於伏羲與女媧

結繩計數與尺規的應用

傳說在上古時期的中國，有一個叫做「華胥國」的國家。

一天，一個華胥國的姑娘到雷澤玩，路上看到了一個巨大的腳印，不諳世事的姑娘好奇地踩了一下，沒過幾天就有了身孕。十二年後姑娘生下了一個兒子，這個兒子人首蛇身，取名伏羲。

伏羲天資聰穎，品德高尚，他團結華夏各個部落，為人類開創了先進的文明。相傳伏羲還是中國醫藥學的創始人，發明了音樂，教會人們狩獵和捕魚，不僅如此，他還根據編漁網時的打結，發明了結繩計數。

在結繩計數之前，人們還沒有發明數字去度量自己擁有的財產。早上打開圈門放牲畜的時候，他們絕對不敢一股腦兒地都轟出來，只能在地上畫個圈，每放出去一隻牲畜就在圈裡放一塊石頭，直到圈裡的牲畜都走光了，圈裡

伏羲是中華民族人文始祖，是中國古籍中記載的最早的王。

就堆滿了石頭；等到傍晚趕牲畜進圈，每進去一隻牲畜，他們就從圈裡拿走一塊石頭，等到圈裡的石頭被拿光了，牲畜也就全部進去了。儘管這種一一對應的方法很直觀，但對習慣到處放牧的原始人類來說不太方便，畢竟大數量的小石頭不是任何地方都能找到，而且攜帶起來也很不方便。

在編漁網的時候，伏羲教人們用繩子打結計算數量。每天早上放出一隻牲畜就在繩子上打一個結，傍晚回來一隻牲畜就解開一個結，以此計數。和擺小石頭相比，繩子便於攜帶，繩子上的結也便於保存，所以結繩計數成為早期人類的計數方式。

女媧是伏羲的妹妹，和伏羲一樣，女媧也是人首蛇身，奇能稟賦。她不僅練就七彩神石補天，還取地面的黃土造人，也創造了世界萬物。北宋《太平御覽》一書中記載，女媧在正月初一造了雞，初二造了狗，初三造了豬，初四造了羊，初五造了牛，初六造了馬。到了初七女媧看了看周圍，一片生機盎然，卻總感覺少點什麼。於是她就按照自己的樣子捏了很多泥人，並施加神力，使之成為人類。為了讓人們持續繁衍，靠自己的能量「造人」，女媧與伏羲創造了婚嫁制度，向人類傳授了生殖能力，從此人們就在大地上繁衍開來，而尊崇女媧和伏羲為生殖之神。

根據古代文獻中記載，女媧和伏羲蛇身纏繞，上身分開，伏羲手拿矩尺，女媧手持圓規，他們用矩尺和圓規來衡量天地，創造萬物。《孟子——離婁章句上》有「不以規矩，不能成方圓」之說，充分說明了古代人民已經知道了矩尺和圓規在數學中重要的作用。

伏羲和女媧的故事是否真實，他們是否真正創造了結繩計數和尺規

應用值得商榷，但不可否認的是，中國人在很早就開始懂得了使用矩尺和圓規進行生產活動，開啟了數學文明。此外，除了中國，很多國家的古代文明都不約而同地創造了結繩計數以及圓規和矩尺。在古希臘的傳說中，圓規的發明者是塔洛斯；而在古代埃及，工匠們就採用在繩子打結的方式進行計算，甚至利用到蓋房子上。這些自發的數學活動充分說明了人類在早期發展時對於數學的認知完全相同，而這種相同也一直影響著後來數學的發展。結繩計數發展成為代數學，而尺規的應用也促進了幾何學的誕生。

伏羲女媧圖。

TIPS

古代中國認為「天圓地方」，即天就像一個球形的鍋蓋，扣在方形的地面上，女媧手持圓規測量天空，伏羲手握矩尺測量大地，樸素的思想導致了這兩種工具的誕生。

泥板上的文字
古巴比倫數學的開端

西元前三千五百年左右，幼發拉底河和底格里斯河貫穿的美索不達米亞平原上生活著蘇美爾人。在幾十個世紀的發展中，蘇美爾人創造了高度發達的文明，他們不僅有先進的鑄造技術，還在黑色的玄武岩上刻下了世界上第一部法律——《漢摩拉比法典》，同時發明了適合書寫的工具——「泥板書」。蘇美爾人的國家——古巴比倫，也因此成為了人類最早期的奴隸制國家。

考古界廣泛流傳著關於蘇美爾人的傳說，但兩河流域斷斷續續的發現卻不能激起考古界對古巴比倫的興趣，直到西元一八七二年刻有《漢摩拉比法典》的石柱出土，考古學家們才把目光都集中在這片神奇的土地。在古巴比倫遺址中挖掘出土了大量刻有楔形文字的泥板，而這些泥板上有大量關於數學的資訊。

相傳，古巴比倫是希臘文明的源頭，很多古希臘早期的

1	11	21	31	41	51
2	12	22	32	42	52
3	13	23	33	43	53
4	14	24	34	44	54
5	15	25	35	45	55
6	16	26	36	46	56
7	17	27	37	47	57
8	18	28	38	48	58
9	19	29	39	49	59
10	20	30	40	50	

巴比倫數字出現於西元前三一〇〇年左右，為目前已知最早的位值制數位系統。

哲學家和數學家都有在這裡學習的經歷，那麼古巴比倫的數學發展到什麼程度呢？

由於古巴比倫有著先進的灌溉系統，他們的農業也非常發達。吃不完的農產品常常用來向周邊的國家放貸，他們的數學就在放貸中發展起來。因為要計算利息，所以相較加減法，他們更重視對乘法的應用，比如要計算 34×7，他們創造性地使用了 30×7 再加上 4×7 的方法，這就是後來的乘法分配律；而對於加法，古巴比倫甚至沒有記號表示。為了利用乘法分配律快速算出乘法，古巴比倫甚至編寫了 1×1 到 60×60 的乘法表。

看到這裡，有的人會有疑問：我們背誦的乘法表到 9×9 為止，為什麼古巴比倫要費力地編寫到 60 呢？實際上，古巴比倫採用的是六十進位。我們常用的十進位，一旦數到了 9，再加 1 就需要進一位，變成 10。而古巴比倫用一個符號寫到 59 後，再加上 1 才能進一位變成兩個符號。另外，古巴比倫人在計時上先進於其他國家，所以我們現在使用的時間也是採用六十進制——每六十秒為一分鐘，每六十分為一小時；角度也是如此，每一度角可以分為六十分。

除了乘法表，古巴比倫還有先進的倒數表、平方表、立方表和開方表。在耶魯大學博物館珍藏的一塊編號為 7289 的泥板上，記載著根號 2 的近似結果，按照十進位進行換算，結果為 1.414213，已經達到了非常高的精度。為了計算複利，古巴比倫放貸的商人們甚至隨身帶著刻著指數表的泥板，他們乘法計算的普及程度可見一斑。

古巴比倫利用放貸的方式與外國進行經濟合作，而對內的分配也絲

毫不含糊。另一塊泥板記錄了這樣一個問題：兄弟十人分三分之五米那的銀子（米那是古巴比倫的重量單位，一米那＝六十賽克爾），相鄰的兄弟兩人所分的銀子之差相等，而且老八分得的銀子是六賽克爾，求每個人分得的銀子數量。這個問題說明了古巴比倫已經熟練掌握了相鄰數之差相等的數列，即等差數列。在出土的石板上類似的例子不勝枚舉，充分顯示了古巴比倫人極高的演算法和代數水準。

除此以外，古巴比倫人的幾何也達到了相當發達的程度，他們不僅會能算出圓周率的近似值，還能求出柱體和稜臺的體積，他們知道畢氏定理，甚至會計算三元二次方程組。在天文學上，古巴比倫透過大量的觀察和計算，制定出嚴謹的曆法，我們現在使用的十二個月就是來自古巴比倫人。由於更多的楔形文字並沒有完全解讀出來，所以考古學家和數學史專家認為，古巴比倫人還有更多的文明和數學水準不為人所知，而解讀剩下的「泥板書」也成為考古學家的重要課題之一。

做為四大文明古國之一，古巴比倫高超的數學水準影響著周圍的國家，見賢思齊的希臘人從古巴比倫學到了數學，並且把這些知識帶入巴爾幹半島，形成了獨特的希臘文明，最後傳遍了整個歐洲。因此，從某種意義上說，古巴比倫是西方文明最初的發源地。古巴比倫遺址在現在的伊拉克境內，和六千年前的輝煌相比，現在的兩河流域戰火連連，衝突不斷，民不聊生，這種反差真是令人唏噓不已。

古巴比倫人用草根在泥板上刻劃文字。這種
文字像木楔的形狀，因此被稱為楔形文字。他們
把刻好楔形文字的泥板放在火中燒乾燒硬，便於
攜帶和保存，以致於幾千年後的今天，上面的文
字還清晰可辨。

3

寫在莎草紙上的數學

古埃及的數學

　　發源於埃塞俄比亞高原上的尼羅河是世界上最長的河流，在蜿蜒六千七百公里後，尼羅河在埃及注入地中海。對埃及人來說，尼羅河賦予了他們豐富的水資源，灌溉著兩岸的土地，孕育了尼羅河河谷和古埃及文明，尼羅河是名副其實的「埃及母親河」。

　　安詳的尼羅河有時也會「發怒」。每年六月份尼羅河開始漲水，到了九月份達到最大流量，對沒有現代水利工程的古埃及人來說，這樣周而復始的洪水就是一場災難。洪水過後，肥沃的土地漸漸從水下露出來，界碑早就被沖得不見蹤影，為了解決土地丈量問題，高超的幾何學和測量學在古埃及的奴隸主階層中誕生了。

　　莎草紙是古埃及人常用的書寫工具，在出土的某張莎草紙上記錄了這樣一段內容：法老王拉美西斯二世把土地分成大小相同的正方形，然後分給每一個埃及人，同時，他指定年稅的支付做為國家收入的來源。如果一個人的土地被河水沖走，他可以找大王申報，然後大王會派人調查並測量減少的土地數量，測量之後，這個人就可以按照剩下土地的比例繳稅。從這段話看出，古埃及人已經能熟練地使用幾何工具進行土地

測量了。

此外，古埃及人在建築上也有很高的造詣，舉世聞名的金字塔就是他們傑出的建築成就之一，有的莎草紙表示，古埃及人已經懂得了類似於金字塔形狀的正四稜臺的體積計算。莫斯科美術博物館珍藏的莎草紙——莫斯科紙草上面記錄了二十五個數學問題，其中有一個問題是這樣的：「你這樣說，一個正四稜臺六腕尺高，頂面每邊四腕尺，底面每邊二腕尺。你可以這樣做：將四乘以

鷹神荷魯斯為拉美西斯二世沐浴祈福。

自己，得到十六，再把底邊二乘以頂邊四，得八。將二乘以自己，得四。把上面得到的十六、八和四相加，得二十八。再取高六的三分之一，乘以二十八，得五十六。看，這個五十六就是你要求得體積。」這個描述讓所有數學史專家感到震驚，這說明了埃及人早在四千年前就很熟悉正四稜臺的計算公式了。

相較於埃及人的幾何水準，他們的計數系統和代數水準也絲毫不遜色。數學史專家相信，古埃及受到人有十根手指的啟發，是最早採用十進位的國家之一，但他們的十進位卻不太完善，比如十萬竟然用一隻鳥表示。儘管和古巴比倫人相比，古埃及人的計算能力稍弱，但也獨立發展出了乘法分配律：對於乘除法，古埃及採用連續加倍的運算完成，比如 15×26，他們先把 15 分成 1+2+4+8，分別與 26 相乘。

此外，說起古埃及的數學，不得不提到還有「荷魯斯的眼睛」。荷魯斯是古埃及神話中的鷹神，也是法老的守護神。在古埃及對荷魯斯的描述中，牠的眼睛蘊含著深刻的數學知識，如果我們把牠眼睛的每部分拆開，會發現每一個元素代表者 1/2、1/4、1/8、1/16、1/32 和 1/64，這些分數組合起來可以表示分母為 64 的任何分數。

　　古埃及人在二元一次方程組的求解和數列的計算上也有很強的能力，但和他們高超的幾何學相比就相形見絀了。現代人深刻瞭解數學的作用，所以用數學的研究推動了科技的發展和生活水準的提高，但在遠古時期，人們並沒有對數學有這麼高的認識，只有在生活和生產需要的時候，才會發展數學，使用數學。古埃及人正是為了分配土地和建造建築才發展出了高超的幾何水準，但當他們覺得夠用的時候，開始故步自封，並沒有進一步研究和傳承下來，古埃及在外族侵略後，這些高超的數學也只能隨著莎草紙淹沒在歷史的長河中了。

荷魯斯之眼。

坊間一直流傳金字塔有很多數學上的未解之謎，以胡夫金字塔為例，金字塔每面牆壁三角形的面積等於其高度的平方，塔高與塔基之比等於圓半徑與周長之比等等，這些「巧合的現象」是英國的約翰‧泰勒等人測量發現的。儘管金字塔對古埃及人來說是個很大的工程，但工程測量中出現這些數字是很正常的事情，完全不值得大驚小怪。

4

泰勒斯和沙羅演算法

　　西元前五八五年五月的哈呂斯河流域，米底王國的大軍正在和呂底亞王國的軍隊進行廝殺。在過去的十幾年裡，來自於伊朗地區的米底王國一路向北，所向披靡，入侵並征服了很多國家；位於土耳其地區的呂底亞王國儘管弱小，卻以逸待勞，奮勇抗爭，戰場上的雙方勢均力敵，誰也無法戰勝對方，這場戰役竟然進行了五個年頭。

　　戰火蔓延，生靈塗炭，百姓民不聊生，苦不堪言，持續的戰爭引起了身在古希臘的泰勒斯的注意。泰勒斯是古希臘米利都城邦的著名學者，他創立了古希臘最早的學派——米利都學派，同時他也是西方第一個有名字記載的數學家和哲學家，被稱為「科學與哲學之祖」。為了解救米底王國和呂底亞王國的百姓，泰勒斯決定走訪兩個國家來說服他們停止戰爭，和平共處。

　　在兩個國家的軍營中，泰勒斯分別見到了軍方的將領。面對這位遠近聞名的學者，雙方

泰勒斯。

的將領都很客氣，他們都希望自己能得到泰勒斯的指點來打敗對方，早日結束戰爭。實際上，經過連年的戰亂，米底王國的士兵早已疲憊不堪，他們希望早一點能回去與自己的家人團聚，而呂底亞的居民希望米底的軍隊快點從本國撤走，恢復本來的生活。瞭解到雙方都有意結束戰爭，泰勒斯決定給雙方個臺階下，維持在不失去顏面的情況下調停戰爭。

「上天對這場戰爭很氣憤，祂決定要給你們一些警告，如果你們再不停止戰爭，那麼將會有大禍臨頭──上天會遮住太陽，讓你們永遠得不到光明。」泰勒斯嚴正警告他們。

聽完泰勒斯的說法，雙方的將領都不以為然：打仗是人類之間的鬥爭，和上天有什麼關係呢？這個泰勒斯真是徒有虛名，竟然用這種話來騙人。兩方軍隊的首領不約而同地趕走了泰勒斯，繼續投入到激烈的戰鬥中。五月二十八日的上午，雙方軍隊正如往常一樣每天進行戰鬥。突然狂風大作，天空漸漸暗下來，士兵們面面相覷，他們紛紛放下武器，不再戰鬥，而是望向天空看看究竟。出人意料的一幕發生了，太陽被遮去了一角，而且陰影還在不斷擴大──發生了日食。當時的科學技術並不發達，人們還不知道日食發生的原因，聯想到泰勒斯的警告，雙方將領都以為上天真的動怒，於是指揮著軍隊撤離了戰場，並且迅速簽訂了和平條約，達成了永不再戰的約定。

根據近代數學史考證，泰勒斯是用了古巴比倫的沙羅演算法推算出日食發生的。沙羅演算法是計算日食發生的時間規律的演算法，古巴比倫人透過大量資料統計和計算發現，一般來說，每隔一個沙羅週期，即十八年十一・三二天，日食就會在地球上發生；而每隔三個沙羅週期，

即五十四年三十三天，日食會在同一個位置出現。

　　不僅是西方的泰勒斯，很多通曉數學的古代東方人也利用各種演算法預測當時無法解釋的天文現象，成為眾人口中的奇人異士。唐朝的著名道士李淳風就利用類似於沙羅演算法的方法為唐太宗成功預測過一次日全食，得到了太宗皇帝的信任，最後獲得高官厚祿。

　　正如伽利略所說，數學是上帝用來書寫宇宙的文字。天體的運行、股票的走勢、人口的增減、建築的受力，無一例外地符合某些特定的規律，儘管我們無法掌握宇宙中的所有規律，但可以肯定是，所有規律都能用數學來描述和解釋。因此，在任何時代，數學都是一個高深而廣泛的學問，不管你喜愛它或者討厭它，數學永遠都不會消失，它巨大的作用和影響力會貫穿整個歷史，為人類的進步和科技的發展提供支援。

─ TIP 8 ─

　　泰勒斯遊歷了古巴比倫和埃及後，學到了很多幾何知識。回到古希臘以後，泰勒斯把知識一般化，總結出了一些基本的定理：一、圓被它的任一直徑平分；二、半圓的圓周角是直角；三、等腰三角形兩底角相等；四、相似三角形的各對應邊成比例；五、若兩個三角形兩角和一邊對應相等，則兩個三角形全等。後來，這些定理被歐幾里得寫進《幾何原本》。

5

萬物皆數的慘案

畢達哥拉斯學派

當古巴比倫和古埃及數學文明已經很發達的時候，古希臘對數學還沒有明確的認識。不過千山萬水也無法阻隔古希臘的貴族和奴隸主們好學的決心，他們或橫跨土耳其海峽，或者揚帆地中海，到古巴比倫和古埃及學習數學知識。年輕的畢達哥拉斯聽從他老師泰勒斯的建議，也遊歷了這些國家，成為古希臘數學的翹楚。

畢達哥拉斯出生在古希臘一個貴族家庭，他的父親同時也是一個商人，往返於地中海各個國家，這為畢達哥拉斯的遊學創造了條件。當畢達哥拉斯返回以後，他開始在古希臘開辦學堂，吸收眾多門生推廣自己的思想，久而久之，畢達哥拉斯和他的學生們形成了一個舉世聞名的學派——畢達哥拉斯學派。

在古希臘的計算、數論和幾何上，畢達哥拉斯和他的學生們有著很大的貢獻，其中最引人注目的就是直角三角形三邊長的關

畢達哥拉斯。

係——畢達哥拉斯定理，也就是我們說的畢氏定理。畢達哥拉斯學派認為，世界上的一切都是由數字 1 組成的，任何物體都是 1 的整數倍，在他們的教義中，「萬物皆數」，「數是世界的本原」，「一切數都可以寫成整數或者整數之比」。

真理是蓋不住的。在畢達哥拉斯學派中有一個叫做希帕索斯的人，他透過簡單的計算，發現當正方形的邊長為 1 時，對角線長無法用整數或者整數之比表示，這一發現直接導致了無理數——不能用整數和整數之比表示的數——橫空出世。希帕索斯的發現使畢達哥拉斯學派大為恐慌，也引起了當時希臘學術界的強烈震撼。要知道，當時的畢達哥拉斯學派已經不單純是一個數學學派，更是一個哲學學派和政治派別，如果畢達哥拉斯學派所尊崇的本源發生了改變，那麼他們的其他論述也不會令人信服了。惱羞成怒的畢達哥拉斯學派無法反駁無理數的存在，於是決定處死希帕索斯以儆效尤。這一歷史事件被稱為「第一次數學危機」。

在一個寒冷的午後，可憐的希帕索斯被他昔日的同伴們裝進一個鐵籠子裡，在眾人冷漠的注視和畢達哥拉斯學派的歡呼中，鐵籠子在水中緩緩下沉。希帕索斯就這樣以慘烈的方式結束了自己短暫的一生，但真理是不能隨著希帕索斯的死而沉入水底的，從此以後，無理數逐漸被希臘各數學家承認，而希帕索斯也被追認為世界上第一個發現無理數的人。

實際上，畢達哥拉斯學派並不是故步自封的學派。雖然他們反對無理數，但在數學上的確是功大於過，我們現在使用的很多定理和結論，在哲學中使用的很多思想都是畢達哥拉斯學派的成果。畢達哥拉斯學派

的誕生，影響和鼓舞著其他古希臘數學家和哲學家。從此，古希臘學術進入了百花齊放的時代。

畢達哥拉斯學派在一場政治暴動中滅亡，畢達哥拉斯本人在這場政治暴動中被暗殺，弟子和門徒也做鳥獸散，散布在古希臘各部。從更高的角度來看，畢達哥拉斯學派的滅亡是歷史的必然。在科學不發達的當時，人們希望能掌握絕對的真理來理解世界，把握自己。畢達哥拉斯帶著數學文明而來，人們當然會給予他更高的要求，不僅是數學上的，哲學上的，更是政治上的。但一旦涉及到政治，一定會有更強的反對力量，畢達哥拉斯學派的覆滅也就不足為奇了。

— TIP8 —

關於 $\sqrt{2}$ 是無理數有很多證明，而希帕索斯的證明是最簡單的。史料記載，他的證明方式如下：

證明：假設 $\sqrt{2}$ 不能分數表示，即 $\sqrt{2}=p/q$，其中 p 和 q 已約分。平方後得到 $2q^2=p^2$。

因為左側是一 偶數，所以 p 一定是偶數，可以表示成 p = 2k，即 $2q^2=4k^2$，除以 2 後，得到 $q^2=2k^2$，即 q 也是偶數。由於 p 和 q 都是偶數，可以約分，這與之前「p 和 q 已約分」矛盾，所以 $\sqrt{2}$ 不能用分數表示。

6

源自印度的阿拉伯數字

印度數學的十進位

　　當我們每天使用 0 到 9 的十個數字進行記錄和計算的時候，很少會去思考這些數字的來源，儘管這些數字叫做阿拉伯數字，實際上卻發源於印度，嚴格說應該是「印度數字」。

　　印度離中國並不遠，但阿拉伯數字卻經過兩次大遷徙才來到我們的身邊。

　　除了古巴比倫，其他文明古國早期都採用了十進位的方法，不過古希臘十進位並不完備，他們除了 0 到 9 十個數字以外，又引入了其他的符號，表達很混亂；古代中國在商朝就使用十進位，但也只是在奴隸主階層小範圍使用，並沒有推廣開來，儘管後來出現了算籌，但表示很不方便；只有古代印度的十進位被廣泛使用和傳播。

　　古印度的阿拉伯數字的創立符合「天時」、「地利」和「人和」。實際上，阿拉伯數字的創立非常晚，大約在西元三〇〇年，在古印度西北部的旁遮普也就是現在的巴基斯坦境內，印度人才陸續地創立了十進位的數字記號、小數點和進位的規則，而此時，古希臘已經被古羅馬帝國征服，數學的發展嘎然而止，全民開始使用現在鐘錶上常用的羅馬數

字。

　　沒有古希臘人的競爭，印度人後來居上，這就是阿拉伯數字誕生的「天時」；旁遮普地區接連帕米爾高原，西方的阿拉伯帝國很難打進來，連續四百年沒有戰爭，讓旁遮普地區的數學變得異常發達起來，這就是阿拉伯數字誕生的「地利」。直到西元七〇〇年左右，阿拉伯帝國的軍隊終於攻陷了旁遮普地區，征服者突然發現，印度人的計數方式比他們要先進很多，於是抓了很多印度的數學家到他們的首都巴格達，讓他們向阿拉伯學者傳授印度數字的寫法和演算法。可憐的印度數學家們只能在巴格達度過餘生，而他們使用的數字也在阿拉伯地區生根發芽，不僅阿拉伯的學者們使用，就連商人們也用阿拉伯數字進行計算。

　　後來，做生意的阿拉伯商人們把這種計數方法傳到了西班牙，西班牙人認為這種計數方法是阿拉伯人發明的，於是才稱這種數字為「阿拉伯數字」。大約在西元十世紀，時任教皇熱爾貝奧里亞克利用自己的宗教力量

阿拉伯數字。

把阿拉伯數字推廣到歐洲各地。直到一二〇〇年，歐洲的數學家都開始使用阿拉伯數字進行研究工作了，但這種優秀的計數方式只在高階層的人群中使用，普通人是無法染指的。

　　阿拉伯數字在歐洲廣泛使用，要歸功於文藝復興早期的數學家斐波那契了，他獨立地向阿拉伯人學習了阿拉伯數字和計數方法，並傳授給普通大眾。直到一五〇〇年，在歐洲大陸上阿拉伯數字的使用已經非常

普遍了。阿拉伯數字在十三到十四世紀傳入中國，在這裡，馬可·波羅做出了很大的貢獻，但當時的中國人過於習慣使用算籌進行計數，所以阿拉伯數字並沒有推廣，直到二十世紀初，中國人才開始逐漸使用阿拉伯數字——世界上最方便而且最廣泛使用的數字，進行計算。

　　阿拉伯數字經過了上千年在絲綢之路上往返，才傳回它的誕生地——亞洲。現代的知識交流很方便，網路、電話等通訊方式層出不窮；在交流不發達的古代，知識更多是透過戰爭和商業的作用才得到交流和融合。戰爭一方面給人民帶來了苦難，另外一方面也為不發達地區帶來了文明，好在大多數勝利者並沒有因為戰勝而對先進文明大開殺戮，在今天我們才能收穫到幾千年累積下的數學的饋贈。

— TIPS —

　　在阿拉伯數字傳入之前，歐洲使用的是羅馬數字，其中他們用 IIII 來表示 4，但從中世紀開始，一些羅馬人為了節省空間，使用 IV 替代 IIII。這種寫法得到了大多數人的反對，因為在羅馬神話中眾神之神朱庇特名字的縮寫就是 IV，應該得以避諱。至今，這兩種寫法同時存在於各種文獻中。

7

數學與宗教的結合

印度數學的《繩法經》

　　西元前三千年，印度土著人達羅毗荼人居住在印度河流域的哈拉帕等城市。根據歷史記載，達羅毗荼人創造了「哈拉帕文化」，他們有很高的數學水準，但西元前二〇〇〇年，雅利安人入侵印度，這些文化也就消失了，至今，考古學家還無法破譯哈拉帕文化遺址中的符號。因此，說起印度數學，數學史家都會從西元前三〇〇多年的孔雀王朝開始算起。

　　印度數學最顯著的特點是它與宗教相結合。在古代印度，婆羅門教──也就是今天的印度教開始興起，一本叫做《儀軌經》的著作成為當時印度家庭必備的經書。

　　《儀軌經》是六支吠陀支之一，用梵語寫成，所謂吠陀，是知識和光明的意思。其中包括《隨聞經》──祭祀的方法，《家宅經》──家庭祭祀和日常行為守則，包括出生禮、葬禮、婚禮和取名等方法，《法經》──人們應該遵守的法律，以及最讓數學家感興趣的是《繩法經》──關於神廟和祭壇的建造方法。

　　《繩法經》如果按照意譯，即為「結繩的規則」。它成書具體時間

不可考證，但一般認為在西元前八世紀到二世紀陸續完成，早於印度知名的詩書《摩訶婆羅多》和《羅摩衍那》，關於建築的方法，書中給了嚴格的規定，比如祭壇的形狀可以是正方形、圓形或者半圓形，但不管是哪種形狀，面積一定要相等，這就要求印度人要能做出和正方形等面積的圓或者兩倍於正方形面積的圓，取一半就得到了與正方形面積相等的半圓，他們由此提出了很多幾何和代數的問題，並且給出了有趣的演算法。更為有趣的是，《繩法經》中有很多演算法，至今無法確定他們是怎麼得到的。比如圓周率 π 他們有的採用這樣的演算法：

$$\pi = \left(1 - \frac{1}{8} + \frac{1}{8 \cdot 29} - \frac{1}{8 \cdot 29 \cdot 6} - \frac{1}{8 \cdot 29 \cdot 6 \cdot 8}\right)^2 = 3.0883$$

有的採用 $\pi = 3.004$ 和 $\pi = 4\left(\frac{8}{9}\right)^2 = 3.16049$ 進行計算，另外，對於 $\sqrt{2}$，書中的演算法是

$$\sqrt{2} = 1 + \frac{1}{3} + \frac{1}{3 \cdot 4} - \frac{1}{3 \cdot 4 \cdot 34} = 1.414215686$$

雖然這些資料和圓周率的真實數值相比並不是太準確，但數學史家對這些資料的來源非常感興趣——計算 π 時使用的 6、8、9 和 29 都是怎麼來的？印度人為什麼和古埃及人一樣，用分子為 1 的分數透過加減得到圓周率 π？有的數學家認為這些數字是婆羅門教中很神祕的數字，只有這些數字組合的代數式才能運算 π 和 $\sqrt{2}$ 等無理數的近似值，而和古埃及演算法相同，則很有可能是因為文化的交流——商人把埃及的演算法從非洲帶入阿拉伯地區，再傳給印度。

在《繩法經》之後，印度人受到了更多的外族侵擾，匈奴人、蒙古

人等先後入侵、佔領，又受到印度人的反抗。印度數學就在這種命運多舛的環境中尋找著和平時期，斷斷續續地發展著。在印度數學史上，恰好生在戰爭的縫隙中的數學家前仆後繼，推動著印度數學的發展，其中阿耶波多（西元四七六年～約五五〇年）、婆羅摩笈多（西元五九八年～六六五年）、馬哈威拉（西元九世紀）和婆什迦羅（西元一一一四年～約一一八五年）是其中最傑出的代表。

他們發展和改進了古希臘的三角學，制定了印度的正弦表，對二元一次方程採用了輾轉相除法（歐洲稱為「歐幾里得演算法」）進行求解，對於二次方程，則發展出了求根公式。到了婆什迦羅時期，印度數學家已經能熟練使用現在三角函數中的公式，並且能認識和廣泛使用帶根號的無理數了。

綜觀印度的數學史，古印度數學家令人唏噓不已。他們是幸運的，可以學習到其他國家的數學成果並加以發展；他們又是不幸的，多次入侵讓他們的數學無法得到系統性的全面發展，僅僅在幾個數學分支出現了亮點。

但不可否認的是，印度人和中國人一樣，有著高超的數學天賦，在美國華爾街利用數學進行金融分析的金融工程師們，在洛杉磯「矽谷」利用數學研發各種 IT 產品的電腦科學家們，很多都來自於印度和中國。也許有人會為歐美人建立的數學系統和標準感到羨慕，但誰又能預料代表東方數學的印度和中國不會在未來異軍突起，在數學領域有著更大的貢獻呢？

　　和畢達哥拉斯學派相同，印度人認為整數是最和諧的數字，為了表示圓和正方形中含有的數字，他們習慣用整數和分數來代替這些無理數。有數學家認為，印度人關於 π 和 $\sqrt{2}$ 的表示應該和古希臘三大幾何作圖問題之一——化圓為方有關。

8

齊桓公與九九歌
春秋時期的數學

春秋時期，周天子對諸侯國徹底失去了控制，只能依附強大的諸侯。各諸侯國為了爭奪霸權，佔領更多的地盤，互相征戰，在西元前七七○年到西元前四七六年，逐漸形成了齊桓公、宋襄公、晉文公、秦穆公和楚莊王五個霸主，史稱「春秋五霸」。

如果要稱王稱霸，只有強大的軍事而沒有人才的支持是不行的，為了爭奪人才，各個國家的君王想盡一切辦法，豢養了很多門客，但門客們常常只能得到衣食住行的支援，在精神上得不到任何的尊重。

齊桓公和其他君主一樣因求賢若渴而廣招賢士，一年過去了，沒有一個有真才實學的人前來，這令齊桓公大為光火。

一天，東野來了一個自稱有很強能力的人，齊桓公非常高興，在大殿接見了這個賢人。齊桓公問：「你有什麼才能，能助我成就霸業？」賢人回答道：「回大王的話，我會九九算術歌。」

聽到他的回答，齊桓公十分生氣，小小東野草民，九九算術歌是人人都會，竟然來這裡邀功請賞，但齊桓公畢竟是君主，要顧及君主的形象，只能強忍住怒火，諷刺道：「會九九算術也能算一技之長，我們齊

國這樣的人到處都是！」

賢人回答道：「大山也是細小石頭堆積起來的，大海也是涓涓細流匯集的。九九算術歌不算什麼，但如果您對我以禮相待，還擔心比我高明的人不來嗎？」

聽了賢人的回答，齊桓公覺得很有道理，於是便用「庭燎」——在大庭點燃火炬，這種當時最高規格的形式接待賢士。一個月過去了，四面八方的賢士聽到齊桓公禮賢下士的故事，都過來投靠齊桓公，而齊桓公也成為「春秋五霸」中最先稱霸的君主。

這個故事所謂的九九算術歌，就是每個學生會背誦的九九乘法口訣。

從故事中的對話我們會發現，春秋時期的數學已經相當發達，關於數的計算已經發展到很普及的程度。要知道當時很多國家，包括數學發達的古希臘也是剛剛才從古埃及和古巴比倫那裡學習到數學知識而已。

那麼，在沒有阿拉伯數字的時候，古代中國使用什麼方式表示數字進行計算呢？聰明

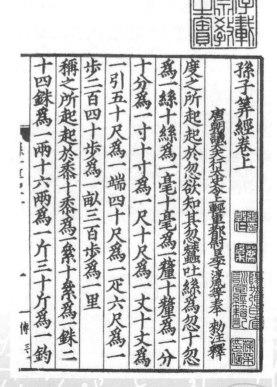

《孫子算經》書影。

的中國人發明了算籌，所謂算籌，是一些小木棒，或者動物骨骼磨製成的骨棒。《孫子算經》記載：「一縱十橫，百立千僵，千、十相望，萬、百相當……」也就是說，記數的時候，和古代書寫一樣，從右向左，有幾個數就放幾根算籌，個位豎著放，十位橫著放，百位豎著放，千位橫著放，剩下的依此類推，空位用空一個格來表示，這樣就不會錯位。算籌的作用不僅如此，古人為了解決實際問題，還利用算籌計算多元一次方程組的解。根據史書記載，加減消元和代入消元法都已經被數學家們使用得很熟練了。

除此以外，比春秋更早的西周初期，中國人就已經掌握了畢氏定理，比畢達哥拉斯發現相同定理還要早五、六百年；甚至在周公和商高的對話中，數學史家們還發現，商高使用了相似的方式進行了測量。這些無不說明了，在春秋時期，中國有著很高的數學水準。

在周朝貴族教育體系中，周朝官員要求學生們要學習六藝——禮、樂、射、御、書、數，其中數就是數學，可見當時的貴族階層已經意識到了數學的重要性。但由於年代過於久遠，加上秦始皇焚書坑儒對典籍的毀滅性打擊，六藝中《數》已經失傳，因此，我們只能透過其他典籍窺見當時數學的輝煌成就。雖然中華文明並沒有斷層，但古代中國數學重經驗而輕視理論，重視政治和文學而輕視科技，起點很高的中國數學在未來的兩千年後漸漸脫隊，落後於其他的國家了。

在春秋時期，以墨翟為首的墨家撰寫的《墨經》中記載了很多數學問題，其中包括光學、力學、邏輯學和幾何學等。在《墨經》中，給出了點、線、面等基本幾何圖形的定義，同時也給出了平行線、圓的圖形的概念，甚至還對無窮大和無窮小等進行了探索。可惜的是，在焚書坑儒以後，墨家漸漸衰落，墨家的數學理論還沒有發揚光大就消失了。

第二章

數學的分化

9

飛矢不動
埃利亞學派的詭辯

嚴格來講，最早期的數學是從哲學裡分化出來的。

在古希臘哲學家的思考中，無一不影響著數學的變革，而他們很多觀點也成為數學中重要的命題。在古希臘歷史上，最早的唯心主義哲學派別——埃利亞學派成為其中最著名的學派。

西元前五世紀，位於義大利半島南端的埃利亞城邦出現了一位叫做克賽諾芬尼的學者，他提出了「存在」是宇宙萬物的共同本質。這看起來是一句平凡無奇的話，在當時卻是很了不起的。在此之前，哲學只能研究那些可以看得見、摸得著的東西，但世界上還有很多確實存在但無法看到的物質，比如物理裡的電場、磁場等，又比如宗教中的神。一句話存在解決了在認知上的問題，是人類認知論上的巨大進步。

克賽諾芬尼的徒弟巴門尼德和徒孫芝諾很好地繼承了他的思想，形成了埃利亞學派，但巴門尼德卻認為世界上到處充滿了「存在」，是「永恆不變」的，因此事物是「永恆地靜止」，運動只是「假象」。他的學生芝諾為了證明這種觀點，舉了飛矢不動的例子。

設想一支飛行的箭，在每個時刻，它在空間中會存在在一個位置，

如果把這些時間分成無窮份，每一份非常小，箭是不動的，所以芝諾認為，飛行的箭是靜止而不是運動的。這就是歷史上著名的芝諾飛矢不動悖論。

所謂悖論是在邏輯上可以推導出相互矛盾的結論，但表面上又能自圓其說的命題。芝諾的描述看起來沒有任何問題，卻從運動得到了靜止的結果。儘管看起來明顯是錯的，但在當時還是沒有人能反駁芝諾。

芝諾的另外一個悖論也被人熟知——阿基里斯追烏龜的故事。阿基里斯是神話中的英雄，以善於奔跑著稱。一次他和烏龜賽跑，烏龜在前面 B 點開始跑，他在後面追。在競賽中，阿基里斯跑到烏龜原來的位置 B 點，而此時烏龜已經在前方 C 點了；如果阿基里斯跑到 C 點，烏龜又會在阿基里斯的前方 D 點，以此類推，阿基里斯永遠無法追上烏龜。

在希臘故事中，阿基里斯是所有英雄之中最耀眼的一位。

今天，我們可以利用無窮大、無窮小、微積分和級數求和等數學觀點毫不費力地解決芝諾悖論，但也不要因此嘲笑古人的愚笨。要知道，上述數學觀點也是兩千多年來，無數數學家深刻鑽研芝諾悖論和其他問

題的研究成果，也就是說，沒有芝諾悖論和其他問題的「蛋」，也就不會有「雞」——現在的各種數學概念和工具。

　　數學的每一次進步，都是無數數學家為之努力奮鬥得來的。在前進的道路上，人類會發現各式各樣顯而易見或者難以理解的現象和觀點，對於這些觀點的疑問促使了人類不斷地問「為什麼」，而後續的數學家會沿著這條路走下去，直到找到真理。從某種意義上說，提出問題和解決問題同等重要。當然這裡的「提出問題」並不是漫無目的地胡亂一問，而是站在更高的層次上，經過深思熟慮地提出提綱挈領的問題，促使數學家們更深層次地思考，從而得到結論。而此時的收穫不僅是得到了解決問題的結論，在論證的過程中，思想和方法才是最重要的成果。不管是懸而未決的哥德巴赫猜想，還是三百年後被懷爾斯攻克的費馬最後定理，都是鮮活的案例。

TIP 8

　　埃利亞學派誕生於西元前五世紀，學派中的每個學者都能言善辯，他們維護奴隸主貴族的統治，宣傳唯心主義和形而上學。由於埃利亞學派活動於奴隸主貴族統治的埃利亞城邦，所以得到了統治階級的維護和重視。所謂成也蕭何、敗也蕭何，隨著奴隸主中民主的興盛，這個學派也因為得不到支持而迅速衰落。

10

墓誌銘上的難題
代數學的開創

　　自畢達哥拉斯之後，很多古希臘的數學家認為，只有經過類似於幾何證明的論證方式才是正確的，才是天衣無縫的，所以他們不屑去研究數字的特點和計算方法，對於未知數也興趣寥寥。

　　當這些古希臘的數學家們都在地上畫圖研究幾何的時候，在亞歷山大後期，出現了一位數學家——丟番圖。和其他數學家不同，丟番圖沒有從眾選擇幾何做為研究的重點，他把更多的精力放在了計算和數論上，最終被奉為代數學創始人之一。

　　由於丟番圖的研究工作實在太不合群了，所以在歷史紀錄中，關於他生平的紀錄非常少。只是在西元五〇〇年左右的《希臘詩文選》中，有四十六首和代數有關的詩歌，這些詩歌肯定了丟番圖對代數學開創和發展的重要作用。另外，丟番圖所著的《算術》也是代表著古希臘數論和代數最高水準的一本名著，這本一共十三卷的數學典籍僅僅在十五世紀發現了希臘文版本的六卷，西元一九七三年在伊朗發現了另外四卷的阿拉伯文，剩下三卷已經失傳。

　　在丟番圖的墓碑上，我們可以看到這位數學家的執著和幽默，墓誌

銘寫道：

路過的人請看一看，這墳中安葬著丟番圖，下面忠實地記錄了他所經歷的道路，請你算算丟番圖活了多少年。

他度過了佔有生命六分之一的童年，經過了十二分之一的生命，他開始長鬍子，再過了七分之一，他結了婚。

五年後他的兒子出生了，可憐這個兒子，僅活到父親年齡的一半就去世了。

丟番圖很悲傷，只能透過研究數論來忘記，又過了四年，丟番圖也走完了人生旅途。

他終於告別了數學。

對當時的人來說，這個問題算是一道難題，但是我們可以用方程式很容易地解決，如果設丟番圖的年齡為 x，根據他的童年為 x/6，童年到長鬍子時間是 x/12，剩下的以此類推，把這些時間加在一起等於他的整個年齡 x，得到 x = 84。

除此以外，丟番圖的研究還包括丟番圖方程——係數和解都是整數的方程。進而，數學家們提出關於丟番圖方程的幾個重要問題：丟番圖方程有解答嗎？除了一些顯而易見的解答外，還有哪些解答？解答的數目是有限還是無限？理論上，所有的解答是否都能找到？實際上能否計算出所有解答？直到西元一九七〇年，數學家們才用馬蒂雅謝維奇定理證明出：不可能存在一個演算法判斷丟番圖方程是否有解。至此，丟番圖方程問題才算塵埃落定。

丟番圖的另一個重要貢獻是丟番圖逼近論，簡而言之，如果規定一

個數字，如何找到滿足條件的無窮個有理數，讓這些數越來越接近規定的數字，並且測量到底有多接近。儘管丟番圖是在有理數上進行討論的，但更多的例子都說明，二十世紀以來，丟番圖逼近論在無理數上有重要的應用。

　　丟番圖之所以能名垂竹帛，在數學史上佔有很重要的地位，和他不從眾的研究專案有關。實際上，和其他古希臘數學相比，丟番圖的所處的年代並不久遠，如果其他古希臘數學家在代數和數論上發力，這些成果可能會易主，丟番圖也就不會有如此大的貢獻。由此看來，在任何學科領域，想要有大的成就，必須掙脫當時的束縛，獨闢蹊徑，才能有機會看到別人不曾經歷的風景，成為一個新方向的開創者。

─ TIPS ─

　　丟番圖的《算術》代表著古希臘算術和代數的最高水準，但直到十六世紀，這本書才傳入歐洲。首先，胥蘭德根據阿拉伯文版本翻譯成了拉丁文，隨後巴歇又把拉丁文版本翻譯成希臘文。法國數學家費馬正是看到了拉丁文版本後才走上了數學的道路，他在這本書中寫下了很多批註，其中就有「費馬最後定理」的猜想。費馬去世以後，他的兒子把批註和算術拉丁文版本結合在一起出版。

11

賈憲與楊輝三角
二項式係數展開圖

在宋朝，很多有知識的人都會在外面開辦私學，相對於官府開的官學，私學就是今天的補習班。

對於數學來講，官方的重視程度不夠高，學生的數量遠遠不及學習經史子集的人多，所以只能在私學中學習。但就是這些宋朝的補習班，靠著師徒之間的傳承和發展，把對《九章算術》的研究推廣到一個新的高度。

賈憲就是其中一員。

賈憲是北宋時期著名的數學家，他在研究《九章算術》的時候，發現了這樣一個問題：今有積一百八十六萬八百六十七尺，問立方幾何？在這裡，尺實際上是立方尺的意思，問題實際上在問，體積是一百八十六萬八百六十七立方尺的正方體，邊長是多少？如果知道了邊長，求體積很容易，只需要邊長的三次方就可以，但對一個數開根號，就不是一件簡單的事情了。於是賈憲採用了（a+b$)^3$=a^3+3a^{2}b+3ab^2+b^{3}這樣的公式，把數字進行拆分，最後得到了結果。

那麼，如何對於一個數開更高次方呢？為此，賈憲找到了兩項乘方

公式的展開式的一般特點，形成了我們看到了二項式定理。

我們觀察一下這些式子：

$(a+b)^1 = a+b$

$(a+b)^2 = a^2+2ab+b^2$

$(a+b)^3 = a^3+3a^2b+3ab^2+b^3$

$(a+b)^4 = a^4+4a^3b+6a^2b^2+4ab^3+b^4$

$(a+b)^5 = a^5+5a^4b+10a^3b^2+10a^2b^3+5ab^4+b^5$

在等式的左側，有 a 和 b 兩項，所以左側被稱為二項式。

在西元一〇五〇年左右，賈憲完成了對《九章算術》的研究，撰寫了《黃帝九章算經細草》，不過原書已經失傳。

好在南宋的數學家楊輝早就在自己的書中引入了此書大量的內容，我們才能看到賈憲的研究成果。

為了紀念賈憲的開創性工作和楊輝對成果的搶救性保留，於是這種規律被稱為賈憲——楊輝三角。

楊輝不僅是一位數學家，也是當時台州地區的地方官員。和賈憲相比，楊輝不僅能找到更多的數學資源，動用更多的人力來進行數學研究，更重要的是，他可以把自己的研

《永樂大典》中的一頁，楊輝引用賈憲《釋鎖算書》中的賈憲三角形。

究成果很好地保留下去。除了大量如實引入賈憲的成果，楊輝《九章算術》研究的深度和廣度也是值得稱讚的，更重要的是，他對速算的貢獻。

在南宋，由於江南地區的農業和經濟空前發達，對計算的要求也越來越高。楊輝在研究工作的同時，發明了很多速算的方法，比如 179×21 變成（180-1）×（20+1）進行計算。甚至為了讓學生能更好地掌握速算，他還撰寫了《習算綱目》——中國最早的習題集。

西元一四二七年，阿拉伯數學家阿爾凱西在《算術的鑰匙》一書中才有關於賈憲——楊輝三角的記載。而一五二七年之後，德國和法國的數學家才陸陸續續地發現了這個規律。

在西方，法國數學家帕斯卡所著的《論算術三角形》流傳廣泛，因此，賈憲——楊輝三角才被世人熟知，因而這個規律也被稱為帕斯卡三角。

在中世紀，統治歐洲的古羅馬帝國並不重視數學的研究，一度導致了數學發展的停滯，中國數學家們才有機會捷足先登，搶先發現了諸如賈憲——楊輝三角這樣的規律。

試想一下，如果古羅馬的數學能延續古希臘數學發展的速度，中國的數學家就不會有這樣的機會。因此，我們在看待數學發展歷史時，不能僅僅因為中國領先多少年而感到驕傲自滿，應該客觀冷靜地結合歷史進行分析，明確自己的位置。

　　魏晉時期是中國古代數學的發展高峰時期，儘管唐朝開辦了算學科，但從唐朝中後期開始，數學研究處於停滯狀態，直到宋元時期才又開始興起。這個時期也成為中國古代數學第二個發展黃金期，而這一階段的開創者就是賈憲。

　　和之前的數學家只重視方法不同，賈憲深刻地理解理論的重要性。宋元之後，在方程求解上出現了很多成果，而這些成果都不同程度上地受到了賈憲數學思想的影響，甚至有的工作就是在賈憲的基礎上做出的。

12

平面幾何學的集大成
《幾何原本》

　　說起世界上傳播最廣泛的書籍，幾乎每個人都知道是《聖經》，但傳播第二廣泛的書籍就不為很多人所知，這就是古希臘數學家歐幾里得的《幾何原本》。

　　西元前三六四年，歐幾里得出生在雅典，這時的雅典擁有整個希臘最著名的學校──柏拉圖學園。

　　在歐幾里得十幾歲的時候，和其他青年一樣，渴望進入柏拉圖學園學習。但當他鼓起勇氣走到柏拉圖學園門口的時候，卻發現門前熙熙攘攘──大家都擠在門口不進去，原來門口掛了一個木牌，上面寫著──「不懂幾何的人不能入內」。

　　為了讓學生們明白幾何的重要性，在創建柏拉圖學園時，柏拉圖親自立下了這樣的規矩。在學園門口的學生們議論紛紛，大家都不知道該進還是不該進。歐幾里得心裡想，我就是不懂幾何才過來學習的，於是他整理了一下衣服，頭也不回地走了進去。在柏拉

位於牛津大學自然歷史博物館的歐幾里得石像。

圖學園裡，歐幾里得學習了當時最先進的幾何知識，但他越學越感到困惑——當時的幾何知識零碎不系統，不僅有很多未研究明白的問題，更出現了很多謬誤。於是，他決定要寫一本關於幾何的書籍。

這幅《雅典學院》，是以古希臘哲學家柏拉圖所建的柏拉圖學園為題，以古代七種自由藝術——即語法、修辭、邏輯、數學、幾何、音樂、天文為基礎，以表彰人類對智慧和真理的追求。

為此，歐幾里得走遍了當時幾何學最發達的幾個城市，甚至還到了幾何學的發源地古埃及的亞歷山大城學習。西元前三○○年，歐幾里得六十多歲的時候，他終於完成了空前絕後的《幾何原本》。

《幾何原本》是古希臘數學發展的頂峰，也是世界數學史的一個新高度。它不僅對西元前七世紀以來的幾何學進行了深刻的總結，更是首創性地把幾何學置於嚴密的邏輯系統中，提出了對未來幾何學和其他科

學的發展做了垂範，影響了整個世界科學的思維方法。迄今為止，世界上任何一個幾何學習者都會從《幾何原本》的內容開始學習，歐幾里得所著的幾何也被稱為——歐氏幾何。

《幾何原本》一共十三卷，涉及到今天平面幾何與立體幾何的全部內容。如果要研究某個科目，對內容的定義和最初的規則要制定好，因此在第一卷中，歐幾里得總結了幾何最基礎的二十三個定義、五個公理和五條公設，做為整個歐氏幾何大廈的地基。在剩下的十多卷中，又對此展開，提出並解決了很多問題。在證明方法上，歐幾里得也開創性地發明了從結論找原因的分析法，從原因一步步證明出結論的綜合法，以及假設結論不成立，最後證明出矛盾的反證法。

《幾何原本》在明代傳到中國，經過修訂的《幾何原本》此時已經增補到十五卷。明朝數學家徐光啟和傳教士利瑪竇一起翻譯了前六卷，我們現在使用的「幾何」、「點」、「線」、「平行」等詞彙都是徐光啟和利瑪竇共同敲定的。但由於徐光啟為父守孝和利瑪竇的過早病逝，剩下的九卷則在清朝才由數學家李善蘭和傳教士偉列亞力翻譯完成，至此，這本偉大的著作才有了完整的中文版。

歷史上有很多著名的數學家，但能稱得上是偉大的不外乎寥寥幾人。要在數學史上得到偉大之名並不是一件容易的事情，除了有高超的數學水準，更重要的是有開創性的

中文版《幾何原本》中的插圖：徐光啟和利瑪竇。

工作。牛頓的微積分、歐幾里得的《幾何原本》都是開創性工作的典範，給後人的研究指引了方向，引領了後世數學的發展。在《幾何原本》誕生後的兩千多年，數學家們對它的研究從來沒有停止，其中哥德爾對第五公設是否有必要存在的研究證明了不完備性定理，而羅巴切夫斯基和黎曼對第五公設的改變的研究，又創造了非歐幾何。而他們因此都成為了名垂千古的數學大家。

TIP 8

　　《幾何原本》並不只有幾何知識，在第八、九和十章中，記錄的全是初等數論的問題，而書名《幾何原本》也因此經常被翻譯成《原本》。原本的含意是事物的根源，而書中建構知識系統採用的定義、公理和公設，也成為幾何學和數論中最基礎、最根源的內容。

13

周公與商高的對話
《周髀算經》與畢氏定理

　　《周髀算經》是流傳至今的中國最早的數學典籍。

　　它成書於西元前一世紀，不僅講述了數學問題，也是中國最古老的天文學著作。甚至在唐朝，它是皇家學校數學系——國子監明算科的指定教材之一。在書中，一個著名的故事至今仍被津津樂道。

　　周文王的第四個兒子叫做姬旦，也就是「周公解夢」的周公，他問當時的數學家商高：「我聽別人說您數學水準很高，有個事情一直不明白，還請您解答。伏羲創造了曆法用了很多數學方法，這些數學方法是怎麼得到的呢？」

周公。

　　商高回答道；「數學的方法很多來自於圓和正方形等這樣的幾何圖形，圓又來自於正方形，正方形又從長方形得到，長方形的面積又是九九八十一這樣的乘法口訣計算出來的。」

　　「舉個例子，一個直角三角形，如果較短的直角邊長度是三，較長

的直角邊長度是四，那麼斜邊就是五。這個規律是當年大禹治水時發現的。」

上面這個故事就是幾千年來流傳下來的「勾三股四弦五」。

長久以來，很多人認為《周髀算經》中也僅僅是找到了正好滿足三角形三邊的三個整數，實際上，在《周髀算經》的上卷二明確寫著「若求邪至日者，以日下為勾，日高為股，勾股各自乘，並而開方除之，得邪至日」有了明確的說明：任何一個直角三角形中，兩條直角邊的平方之和一定等於斜邊的平方。

這個定理在中國又稱為「商高定理」，在外國稱為「畢達哥拉斯定理」。

西元前十八世紀記錄各種勾股陣列的巴比倫石板。

《周髀算經》中關於畢氏定理的描述得到了後世很多數學家的注解和證明，從三國時期的數學家趙爽，到北周時期的甄鸞，再到唐朝的李淳風，無一不對畢氏定理產生了濃厚的興趣，他們不僅研究了定理的證明，還對相關問題，諸如開方、乘方等進行了深刻的研究，產生了很多豐碩的成果。

當然，西方數學家也不會對畢氏定理袖手旁觀。

古希臘數學家畢達哥拉斯在西方最早陳述了這個定理，因此在西方，畢氏定理又被稱為「畢達哥拉斯定理」。

據說為了慶祝這個偉人的發現，畢達哥拉斯學派宰殺一百頭牛來祭

祀神靈，因此這個定理又被稱為「百牛定理」。

不過，即使按照《周髀算經》的成書年代計算，中國的畢氏定理也早於西方幾百年。

但是，誰是歷史上最早發現這個定理的呢？

西元一九四五年，在古巴比倫的遺跡出土來幾塊西元前十九世紀的泥板，上面竟然刻著很多組勾股數，這說明古巴比倫早在四千年前可能就掌握了這一規律。看來世界上最早掌握畢氏定理的頭銜只能是大禹和古巴比倫來爭奪了。

在數學發展史上，從來沒有一個定理像畢氏定理一樣雋永、美妙、容易理解，從剛會乘法的孩童，到耄耋老人，幾乎每個受過基礎教育的人都知道這個定理。

畢氏定理有著重大的意義，它不僅影響著數學的發展，更影響了無數人的生命軌跡。幾千年來，無數數學家和數學工作者都是從這個定理瞭解數學、愛上數學，最後從事數學研究和工作。迄今為止，畢氏定理已經出現了四百多種證明方法也印證了這一點。

在上個世紀美國發射的旅行者一號航天器中攜帶了一張黃金圓盤，科學家們把它做為給未知外星人的禮物，而畢氏定理做為人類科技發展的代表也被鐫刻在圓盤上，向未知生命宣告地球上的科技發展水準。

　　西元二〇〇二年，第二十四屆國際數學家大會在中國北京召開，這是科學界最高級會議首次在中國召開，其中會議的會徽採用中國古代數學家趙爽證明畢氏定理構建的圖形。趙爽創造性地使用圖形填補的方式進行證明，並且給了詳細的批註：「按弦圖，又可以勾股相乘為朱實二，倍之為朱實四，以勾股之差自相乘為中黃實，加差實，亦成弦實。」

14

算術基本定理

初等數論的誕生

　　人類對數字的認識是從實物中抽象出來的，比如三塊石頭、七個人等等，所以表示數量的自然數成為數學歷史上最早研究的數字，而關於自然數的研究，誕生了數論的基礎──初等數論。

　　在古希臘時期的數學研究中，幾何學佔有統治地位，但也有一些數學家對初等數論產生興趣，比如丟番圖等，而幾何學的集大成者歐幾里得也對數論有很大的貢獻。

　　關於自然數，人們開始研究的是它們的組成，比如 5 可以是 1 和 5 相乘，而 12 既可以能寫成 1 和 12 相乘，又可以寫成 2 和 6 相乘，還可以寫成 3 和 4 相乘。在初等數論中，5 只有 1 和它本身做為因數，而 12 除了 1 和本身以外，還有別的因數，這兩個數是不相同的，於是把類似於 5 這樣的數叫做素數或者質數，把類似於 12 這樣的數叫做合數。進一步，人們還發現，無論給出一個多大的合數，都可以拆成很多質數相乘，而且這種拆分方法是唯一的。

　　歐幾里得做為一個幾何學家，博採眾家之長是他的工作之一，他不僅要積極地學習關於幾何的知識，還要吸收其他數學科目的知識。當他

在研究合數拆分問題的時候，突然意識到這個規律似乎是一個藏寶圖，如果按照這個規律研究下去，會發現一塊巨大的寶藏，歐幾里得很興奮，於是他把這個規律總結成一個定理──算數基本定理。

嚴格來說，沒有經過嚴謹證明的「定理」並不是真正的定理，只能算是猜想。

雖然這個規律顯而易見，但要得到其他數學家認可就一定要有完整無誤的證明。而古希臘學術圈中，這種思想更甚，如果沒有證明，這種猜想就毫無價值。為了得到其他人的認可，歐幾里得只能進一步完善證明。

為了證明這個定理，歐幾里得發明了很多證明的方法，比如先否定掉這個定理來找到自相矛盾的反證法，還有如果兩個自然數相乘能被另一個質數除盡，這兩個自然數中一定至少有一個能被這個質數除盡的歐幾里得引理。

另外，歐幾里得還由此發展出了很多現在數論中基礎定理，比如輾轉相除法──又被稱為歐幾里得除法等，奠定了他在古希臘數學界的地位。

從此，算數基本定理就誕生了，被更多的數學家接受。

不過，歐幾里得看到了這個定理的重要性，卻沒有預料到這個定理在未來有超乎自己想像的更大的作用。

從算數基本定理衍生出整個初等數論的知識體系，而人們越來越發現初等數論已經不足以研究質數的結構了，於是又發展出代數數論、解析數論等學科。其中最有名的就是數學家歌德巴赫給瑞士數學家歐拉信

中提到的「哥德巴赫猜想」。

　　算數基本定理好像在一個巨大毛線球中的線頭，它深刻地捕捉到了數論知識體系中的源頭和基礎，從這個源頭按圖索驥就會能拆解整個數論。在任何一個學科中都有這樣的源頭，千百年來，幾乎每個科學家都希望自己第一個發現某個學科的源頭和基礎，從而名垂青史得到後續研究者的頂禮膜拜。不過想要有如此成就非常艱難，只有天才的頭腦和精準的洞察力是遠遠不夠的，更重要的是要有好的運氣。試想一下，如果歐幾里得沒有得到命運女神的垂青，沒有接觸到這個規律，他也不會有在幾何學以外的成就。

TIPS

　　在初等數論中，有很多看似簡單卻難以證明的問題。在數字中，如果一個數恰好等於它的除了本身以外的因數之和，那麼這種數叫做完全數。第一個完全數是 6，因為 6 的非本身因數有 1、2 和 3，這三個數相加為 6。數學家們現在仍然無法證明是否有完全數是奇數。

15

來自星星的學科

希臘三角學的發展

對沒有現代曆法的古人來說，要精確計算類似於「日」、「年」這樣比較長的時間並不是一件簡單的事情。不過古人的智慧遠遠超過了我們的想像，他們透過觀察日月星辰的運動來計算時間，發展出了古代天文學，從中又衍生出了數學中一個重要的學科門類——三角學。

三角學是研究三角形三個邊和三個角度的特點以及它們之間關係的學科。不過，當時比較重視三角形的邊，還沒有出現角度的概念，只能透過把圓進行分割成扇形來計算角度。古人發現，在某一時刻地面上的一根木棒經過太陽照射產生了影子，不管木棒和影子多長，它們的比值相同，而這個比值又和太陽照射的角度有關。同時，古希臘人認為地球是宇宙的中心，日月星辰把地球做為圓心做圓周運動。在相同時間內透過觀察太陽和月球運動過的角度，可以計算兩者到地球的距離之比。

以地球為中心的宇宙體系圖。

阿里斯塔克斯是古希臘著名的天文學家，在《論太陽和月亮的大小和距離》的文章中，他寫到：當月亮剛好半滿的時候，太陽和月亮的視線之間的夾角小於一個圓的一百二十分之一，根據計算，地球到太陽的距離是地球到月亮之比的十八到二十倍之間。儘管我們知道地球不是宇宙的中心，但這種演算法無懈可擊，完全正確。不過遺憾的是，由於當時測量方法匱乏，阿里斯塔克斯最開始的資料弄錯了，實際上夾角應該是圓的兩千一百六十分之一，這也導致了與真實值「約四百倍」相差很大。相較之下，著名數學家和物理學家阿基米德的父親菲迪亞斯得到十二倍的結果就更不可靠了。

　　除了天文學，古希臘數學家們發現，三角學的很多規律都可以用在建築和航海上。如果要測量一個建築，可以用測量木棒和影子間接計算出建築的高度；測量海中兩個島嶼之間的距離，也可以使用相似的關係進行計算。古希臘的數學家泰勒斯遊歷到古埃及，法老向他炫耀金字塔的同時也不忘記揶揄這個學者，讓他快速地測量出金字塔的高度，泰勒斯透過一根木棒利用三角學很快地計算出金字塔的高度，這讓法老大為驚訝。

　　在古希臘後期，三角學誕生的準備工作由希波克拉底和梅涅勞斯接力完成。希波克拉底根據扇形弧長和弦長的比值整理出世界上第一個三角函數表，而梅涅勞斯也完成了世界上公認的第一部三角學著作，平面幾何中也有用梅涅勞斯命名的定理。三角學誕生的臨門一腳是著名數學家、天文學家托勒密完成的。托勒密總結了前人的成果，把角度做為一個單獨的數學符號提取出來，形成我們現在使用的角度，從此，三角學

就在數學史上宣告了它的誕生。

　　三角學是命運多舛的數學學科，一直都依附著天文學發展，儘管在建築和航海中使用，但並沒有當作數學重視研究，在誕生之時又遭遇到古希臘滅亡的厄運，在後續的一千多年裡，三角學沒有值得稱讚的發展，以致文藝復興時期歐洲人的三角學知識也沒有高明多少，十五世紀的哥倫布甚至還用一世紀托勒密的三角學知識去航海到美洲，估計的地球半徑少了許多，直到臨死前還以為自己到達的是印度。因此，對於任何知識想要真正成學科，千年的繼承和發展是必須的。

— TIP 8 —

　　在三角形中，角度的大小會影響邊的大小。以直角三角形 ABC 和直角三角形 ADE 為例，我們發現 $\dfrac{DE}{AD}$ 和 $\dfrac{BC}{AB}$ 大小相等，這是因為它們在各自的直角三角形中，所對應的角度相同，都為角 A。在直角三角形中，對邊於斜邊的比例稱為正弦，用 sin 表示，也就是說在這個圖形中，有 $sinA = \dfrac{DE}{AD}$ 或者 $\dfrac{BC}{AB}$。除了正弦以外，還有餘弦、正切、餘切、正割和餘割等三角函數名稱。數學家們根據直角三角形中的三角函數的概念，在平面直角座標系中引申出了任意角度三角函數的概念。

16

米諾斯國王子的墳墓
古希臘三大幾何作圖問題

在古希臘文明之前，巴爾幹半島南部的地中海中有一個叫做克里特島的地方，上面有高度發達的文明，史稱米諾斯文明。古希臘詩人厄朵拉塞記錄過這樣的一個故事，米諾斯國王的兒子克勞克斯在希臘雅典被殺，他覺得給兒子修的立方體墳墓太小，讓工匠們把墳墓的體積加一倍。後來，米諾斯又說：「把立方體的每個邊長加倍」。對於這個問題，厄朵拉塞說這是不可能的，每個邊長加倍，體積變成了八倍而不是兩倍。這就是古希臘數學史上的三大幾何作圖問題之一：立方倍積——已知一個立方體，做另一個立方體，求新立方體的邊長。

另外一個傳說也和立方倍積問題有關，相傳西元前四〇〇年，雅典城邦爆發了一場規模很大的流行病，古希臘人束手無策，只能求助於太陽神阿波羅。阿波羅告訴他們，只要把祂神廟前的正方形祭壇體積擴大一倍，祂就幫助消除這場災難。悲劇的是，當時所有的古希臘數學家都無法解決這個問題。

隨著古希臘數學的發展，很多幾何作圖問題在建築學的要求下應運而生，大多數問題都被解決，但其中三個問題不管數學家們如何努力也

無法做出，立方倍積問題就是其中之一。除了立方倍積問題，還有已知一個圓，做出與圓面積相等的正方形的化圓為方問題，以及把任意一個角度三等分的三等分角問題，這些問題要求只能用沒有刻度的直尺和圓規做出，但古希臘數學家們用了幾百年都無法攻克。

　　難道這是偶然事件嗎？

　　西元一八三○年，十八歲的法國天才數學家伽羅華首創了開啟現代代數學的「伽羅華理論」，站在更高的位置對這三個幾何問題進行研究，很巧妙

太陽神阿波羅。

而輕鬆地證明了立方化積和三等分角是無法用直尺和圓規做出的。到了一八八二年，德國數學家林德曼證明，圓周率 π 和 $\sqrt{2}$ 不一樣，不是普通的無理數，而是一種叫做超越數的無理數，超越數是無法用尺規做出的，最終攻克了化圓為方的問題。至此，經過兩千多年，希臘三大幾何作圖問題全部得到解決──它們都無法用尺規作圖做出。

　　三大幾何作圖問題意義非凡。首先，從探究它們的方法到證明出「不可為」，數學家們得到了很多「副產品」。儘管作圖是幾何問題，但數學家們把它們轉化成代數問題，從抽象代數到超越數論，幾乎所有數論的推動都用到了研究三大幾何問題產生的數學工具和結論。其次，在證明三大幾何作圖問題之前，數學家們一直認為，任何的一個數學問題最終一定被會被攻克，只是需要一定的時間，實際上，在伽羅華和林德曼之前，很多數學家提出的問題或者猜想都被解決出來了，人們充滿

自信，幾乎認為人類在數學上無所不能。但伽羅華和林德曼的結論告訴所有人，有很多數學問題是不可解的。最重要的一點，數學家們認識到，很多數學問題的求解依賴於更高層次的數學理論，所以在二十世紀後，很多數學家摒棄了在已知的數學上反覆推演，致力於更高層次數學的創造和研究，形成了現在數學的百花齊放。

TIP 8

歐幾里得發現，正三邊形、正四邊形、正五邊形和正十五邊形，以及邊數是這些數字兩倍的正多邊形都可以用直尺和圓規做出，但其他正多邊形能不能夠作圖，什麼樣的正多邊形可以做出，歐幾里得並沒有解答。

到了十九世紀，德國數學家高斯和美國數學家溫澤，徹底解決了這個問題：

正 N 邊形可用直尺和圓規做出，且僅當 $N=2^m p_1 p_2 \dots p_k$（其中 $p_1, p_2, \dots p_k$ 是形如 $2^{2^n}+1$ 質數。）

看起來一道基礎的幾何問題，就這樣和數論聯繫在了一起。

17

中國最早的測量數學著作

　　東漢末年和三國時期，長年的征戰使整個中國只剩下區區的幾百萬人口，但此時數學的發展並沒有完全停滯，相反在某些數學家的努力下，中國的數學和測量學有了飛速的發展。其中，最重要的成果是三國魏景元四年時數學家劉徽撰寫的《海島算經》。

　　說起劉徽在數學史上的貢獻，最著名的是他用「割圓術」來計算圓周率。劉徽發現，如果一個正多邊形的邊數越多，那麼這個正多邊形就越來越接近一個圓，此時只需要計算正多邊形的周長和最長的對角線，就可以做為圓的周長和直徑，相除就得到了圓周率。透過這種方法，劉徽做出了正 3072 邊形，把圓周率計算到了 3.1415 和 3.1416 之間，遠遠超過我們現在使用的近似值 3.14。他把這一結果寫入了對《九章算術》的注解中，也就是《九章算術注》中。不過《九章算術注》比《九章算術》多了一章，即第十章，這一章，劉徽親自撰寫了自己測量時使用的幾何方法，稱之為《重差》。《重差》在唐朝被單獨發行成書，入選數學教材，又稱為《海島算經》。和其他數學著作不同，《海島算經》是一個問題集，書中全部的九道題都是有關高和距離的測量。劉徽採用已知長度的

簡單的竹竿和木棒，利用多次不同位置測量得到的資料，計算出可以看到但無法達到目標的長、寬、高和距離。其中，第一道題是這樣說的：「今有望海島，立兩表，齊高三丈，前後相去千步，令後表與前表參相直。從前表卻行一百二十三步，人目著地取望島峰，與表末參合。從後表卻行一百二十七步，人目著地取望島峰，亦與表末參合。問島高及去表各幾何？答曰：島高四里五十五步；離表一百二里一百五十步。」

翻譯成現代漢語即為「假設測量海島，立兩根高均為三丈的竹竿，竹竿前後相距一千步，讓後一根竹竿與前一根竹竿在同一直線上，從前一根竹竿向後走一百二十三步，人正好能從竹竿的頭觀察到海島上的山峰，從後一枝竹竿退行一百二十七步，人也能從竹竿的頭觀察到海島上的山峰，問島高多少，島與前一枝竹竿相距多遠？答：島高四里五十五步，離竹竿一百零二里五百五十步。」在問題的後面劉徽講解了求解這個問題的方法，和現在使用的三角形相似完全相同。儘管在早於三國的古希臘時期，西方數學家們也使用幾何工具進行測量，但他們測量的方式、計算的方法和準確率都無法與《海島算經》相提並論，這一方面是因為古希臘數學更重視理論的推演而忽視數學的應用，另外一方面也與古希臘三角學的羸弱不堪有關係。直到十五世紀，西方的數學家們才漸漸重視起數學在測量上的應用，使用了與劉徽相同的方法。

欽定四庫全書

海島算經

晉 劉徽 撰

唐 李淳風 注

今有望海島立兩表齊高三丈前後相去千步令後表與前表參相直從前表卻行一百二十三步人目著地取望島峰與表末參合從後表卻行一百二十七步人目著地取望島峰亦與表末參合問島高及去表各幾

何答曰島高四里五十五步去表一百二里一百五十

《四庫全書》中《海島算經》的首頁。

《海島算經》在後世也得到了極高的重視，在唐朝，《海島算經》做為「算經十書」被規定為指定數學教材；在明代永樂年間，內閣首輔解縉總編了《永樂大典》，《海島算經》被收錄在這三·七億字的浩瀚典籍中。除了無法確定明成祖朱棣的長陵中是否有原本外，現存世界上的只有當年英軍侵略時被帶走，現在英國劍橋大學圖書館裡珍藏的孤本了。斗轉星移，物是人非，但做為中國最早的測量學著作，《海島算經》在中國數學史上會一直熠熠發光。

TIPS

西方對於《海島算經》的研究從未止步。美國數學家弗蘭克·斯維特茲在翻譯和研究《海島算經》的過程中，比較了古希臘、古羅馬和《海島算經》的測量部分，他認為，儘管古希臘重視理論，但在測量器具上要遠遠遜色於《海島算經》中的器具，以致於他們的結論的精確性與之相差甚多。直到文藝復興時期，歐洲才迎頭趕上，達到了《海島算經》的水準，但此時的中國數學出現了斷層，很多優秀的成果沒有得到保留。明朝時期，徐光啟和利瑪竇合著的《測量法義》還不如《海島算經》精確。

18

震驚世界的計算方法
測量地球周長

　　古希臘人很早就知道人們所在的地面實際上是一個球體。畢達哥拉斯認為，圓形和球體是最優美的圖形，所以大地應該是球面的；航海家們發現，從遠處行駛過來的帆船，都是先看到桅杆，然後慢慢地才看見船身，說明大地並不平，是一個弧面；最有力的證據要歸功於亞里斯多德，他透過觀察月食發現，月亮上被遮擋的黑影是圓形的，而這個黑影是地球的影子，無可辯駁地得到了地面是個球的結論。那麼，地球的周長是多少呢？

　　艾拉托色尼出生在希臘的北非殖民地，為了接受良好的教育，父親送他到雅典學習，並最終成為著名的哲學家、天文學家，更是一位著名的地理學家。由於他博聞多識，被當時的埃及國王聘請為皇家教師，並且任命為當時世界科學中心——亞歷山大里亞圖書館擔任一級研究員。亞歷山大里亞圖書館藏書眾多，給了艾拉托色尼很好的研究條件，而一個宏偉的計畫也在他的腦海中漸漸誕生——測量的地球的周長。

　　艾拉托色尼選擇了正南正北方向上的兩個地方——西恩納和亞歷山大里亞，觀察了夏至日那一天太陽的角度。在西恩納的一個島上有一口

深井，夏至的當天陽光正好可以直射進井底，這說明了太陽在夏至日是垂直於西恩納地面的。同時，他又在亞歷山大里亞選擇了一個很高的塔，測量夏至日當天影子的長度，這樣就可以算出塔與陽光的角度。得到這些資料後，艾拉托色尼計算出西恩納到亞歷山大里亞的球面角度為一個圓的五十分之一，也就是說地球周長是這兩地的五十倍。

下一步，艾拉托色尼從助手那裡得到西恩納和亞歷山大里亞的距離為五千希臘里，最終得到地球周長為二十五萬希臘里的結論。

如果把希臘里換算成現在使用的公里，艾拉托色尼的結論為三萬九千三百七十五公里，和真實資料只有幾百公里的差別！這個兩千多年前的結論著實令人驚訝。

艾拉托色尼有出色的數學水準，這讓他在自己主業——地理研究工作中遊刃有餘。除了測量地球的周長外，他還利用數學工具重新制定了地圖，發明了經緯線的前身——經緯網格來描繪地圖，他根據自己得到的資料，推測了希臘以外有人居住區域的地理位置，就連現在西方用的地理學一詞，也是他引入的。而以上所有的成就，都和他高超的數學水準有關。

很多其他學科的科學家數學水準都很高。根據統計，所有的諾貝爾經濟學獎都是由數學水準很高的經濟學家，甚至就是數學家獲得的，而理論物理也用大量的數學工具進行研究。毫不誇張地說，如果不懂數學，很多科學研究都會陷入停滯。

艾拉托色尼在兩千多年前就明白這個道理，他也身體力行，透過數學獲得遠遠超越同時期其他地理學家的成就，閃耀在地理學史中。對很

多人來說，現代的數學理論艱深、晦澀、難以理解，導致社會上很多人一方面享受著數學帶來的先進文明，一方面又到處宣揚「數學無用論」，這種「端起碗吃飯，放下筷子罵娘」的行為實在讓人唏噓不已。

TIPS

　　雖然人類所處的地球很廣大，但人們還是可以透過蛛絲馬跡發現它是一個球形，同時測量地球的直徑和周長，在網路上就有一個測量方法可以近似計算地球半徑。當太陽在海邊升起的時候，太陽露出地平線的部分和在海中倒影的部分並不完全對稱，研究者透過測量它們之間的差距，利用三角函數進行一系列複雜的運算，最終能得到地球的半徑為六千七百公里，這與實際值相差並不多。

19

巴爾幹半島幾何的最後閃光

圓錐曲線

由於古羅馬軍隊的入侵，古希臘後期的戰爭不斷。從亞歷山大里亞圖書館的第一次被羅馬鐵騎焚毀到古希臘滅亡，在最後的幾百年裡，古希臘科學研究進展緩慢，鮮有成果，而在數學研究上，阿波羅尼奧斯的《圓錐曲線論》則成為古希臘幾何學中最後的亮點。

阿波羅尼奧斯出生在今天的土耳其地區，他為人放蕩不羈，就連給國王寫信都會直書其名，毫不避諱國王的名字，就連尊稱都懶得寫。不過，阿波羅尼奧斯的學術水準很高，他不僅擅長數學，而且在天文學上的水準在當時也無出其右，於是禮賢下士的國王也就不在乎他的無禮了。

讓阿波羅尼奧斯名垂於數學史冊的是他的《圓錐曲線論》。所謂圓錐曲線，即是用一個平面去截一個圓錐，在圓錐表面上留下的截線。截的方法不同，得到的曲線也不盡相同，如果平行於圓錐底面截取，得到的是圓；如果與底面不平行，得到的是橢圓；如果平行於圓錐的一條母線，得到的是拋物線；如果與母線不平行，得到的是雙曲線的一支。對圓來說，歐幾里得在《幾何原本》中已經有詳細的論述和證明，而橢圓、

拋物線和雙曲線在以往的幾何著作中並沒有論述。實際上，關於後幾種曲線的研究難度遠遠高於歐幾里得的研究，因此《圓錐曲線論》也被數學界認為代表了古希臘幾何學的最高水準。

在《圓錐曲線論》中，阿波羅尼奧斯的研究方法和他的前輩歐幾里得一樣，給出了定義、公理和公設，在這個基礎上進行推演，以保證幾何論證的正確和嚴謹，在數學上稱為公理化體系證明。令人驚奇的是，阿波羅尼奧尼僅僅透過個人的努力，就把關於圓錐曲線所有只能用公理化體系證明的性質全都完成，以致於後人根本沒有任何補充和修改的機會。可以說，阿波羅尼奧斯當之無愧的「走完全部的路，讓別人無路可走」。

直到一千八百年後，十七世紀的笛卡兒發明了直角座標系，他把圓錐曲線圖形變成在座標系中的公式，用代數解析法才再次推動圓錐曲線的研究，而我們現在學校裡學習的圓錐曲線都使用笛卡兒的代數解析法，畢竟和阿波羅尼奧斯的公理化體系證明相比，解析法要簡單很多。

《圓錐曲線論》問世後就得到了數學界的重視，幾乎所有後世的數學家都知道《圓錐曲線論》的重要性，在後來的一千多年裡，研習、注解和出版從來沒有間斷。阿拉伯人分為兩次把這個著作譯成阿拉伯文，帶到了阿拉伯地區；西元一五三七年，《圓錐曲線論》被譯成拉丁文在威尼斯出版；甚至不重視科學的東羅馬帝國在九世紀也產生了學習《圓錐曲線論》的熱潮，以致於當時東羅馬帝國首府君士坦丁堡一時洛陽紙貴、學術成風。

綜觀古希臘數學發展歷史，從最開始零零散散的平面幾何定理到歐

幾里得集大成的《幾何原本》，從泰勒斯利用三角形相似到艾拉托色尼測量地球周長，從畢達哥拉斯的萬物皆數到丟番圖的墓碑，數學完成了類似於物種進化「在樹上靠四肢運動」到「在地面直立行走」的過程，從哲學中獨立分化出來。

在數學發展史中關鍵的幾百年裡，阿波羅尼奧斯和他的《圓錐曲線論》見證了古希臘數學的繁華，也終於趕上了這趟漸行漸遠的末班車，成為不朽。

TIP 8

數學家們一直思考，既然圓錐曲線是從圓錐上得到的曲線，那麼它們之間一定有怎樣的關係。在笛卡兒建立直角座標系以後，數學家們利用解析幾何找到了它們的直角座標系方程，分別是：

橢圓：$\dfrac{x^2}{a^2} + \dfrac{y^2}{b^2} = 1$，其中 a、b 都是實數。

雙曲線：$\dfrac{x^2}{a^2} - \dfrac{y^2}{b^2} = 1$，其中 a、b 都是實數。

拋物線：$x^2 = 2py$，其中 p 是實數。

他們都可以寫成 $Ax^2 + Bxy + Cy^2 + Dx + Ey + F = 0$，其中 A、B、C、D、E、F 都是實數。有了這個式子，任何一個圓錐曲線和圓都可以表示。

20

古希臘數學的滅亡

希帕蒂亞之死

　　古希臘幾乎所有的數學家都是男性，這是由於古希臘女性的地位低下，即使是奴隸主階層，女性也沒有任何財產權和被教育權。

　　另外，在古希臘重視的邏輯思維推演上，女性要明顯弱於男性，所以古希臘時期很少有女數學家。不過在古希臘文明彌留之際，一位女性數學家誕生了，她就是希帕蒂亞。

　　希帕蒂亞出生在一個奴隸主家庭，父親席昂是著名的數學家，也是亞歷山大里亞圖書館最後一位研究員。

　　由於家裡只有這一個孩子，所以父親盡自己所能為希帕蒂亞提供良好的教育資源。席昂不僅帶著希帕蒂亞遊歷多個城邦學習數學，而且還親力親為地給女兒傳授知識。在父親的薰陶下，希帕蒂亞的數學水準突飛猛進，最後連自己的父親都要望其項背，成為新柏拉圖學派的代表人物。

　　希帕蒂亞不僅精通數學，哲學水準也遠遠超過同時期的哲學家。

　　她有著良好的素養且氣度不凡，能在行政長官和眾多男性面前侃侃而談，從來不會因為自己是女性而感到羞澀和窘迫。很多人不遠千里到

希帕蒂亞居住的城邦，就是為了能親耳聆聽她的教誨。在男人心中，希帕蒂亞是高尚、美貌和智慧的化身，從來沒有因為她是女性而輕視她，甚至有的人認為希帕蒂亞是智慧女神雅典娜轉世。

希帕蒂亞在數學上最大的貢獻是為丟番圖的《算術》和阿波羅尼奧斯的《圓錐曲線論》作注，但這兩本著作都已經失傳了，同時，掌握高超數學水準的希帕蒂亞並不只是單純地在數學中進行推演和計算，而把它們用在了其他的學科中。

有資料顯示，希帕蒂亞經常利用數學計算天文觀測資料，為周圍居民進行占星，而世界上第一個天文觀測儀和第一支密度計也都是希帕蒂亞發明的。

古羅馬的統治預示著希帕蒂亞的悲劇。亞歷山大城被古羅馬佔領，希帕蒂亞的很多學生被迫皈依了基督教，但倔強的希帕蒂亞拒絕改變自己的信仰。

希帕蒂亞有著極高的威望，卻不信仰基督教，還到處宣揚她的哲學觀點，這讓羅馬教皇很惱火。

希帕蒂亞的死有多種說法，

英國畫家查理斯・威廉・米切爾筆下的希帕蒂亞。

最廣泛的一種是，她和當時亞歷山大城的總督歐瑞斯提斯是朋友，儘管信仰不同，但彼此都很欣賞對方的才華；而當時的亞歷山大城的主教西瑞爾和總督歐瑞斯提斯有矛盾，於是西瑞爾在羅馬教皇的指示下，雇傭幾個暴民暗殺希帕蒂亞。

西元四一五年，希帕蒂亞被一個叫做彼得的人和幾個暴民抓到西塞隆教堂。

在那裡，瘋狂的暴徒脫掉希帕蒂亞的衣服，用打磨鋒利的蚌殼把她的肉割下來，以殘忍的方式結束了她的生命。

希帕蒂亞之死在當時引起了軒然大波，雖然羅馬統治了亞歷山大城，但暗殺著名學者也不是能上檯面的事情，這不僅有悖人倫，而且與基督教的教義也相違背。面對指責，主教西瑞爾辯稱說，殺害希帕蒂亞的人不是自己指派的，他們也算不上虔誠的基督徒，只是教堂裡讀聖經的人。

希帕蒂亞死後，古希臘數學徹底斷了香火。在古希臘之後，羅馬帝國統治的一千年裡，數學和其他科學的研究被神學取代，不僅研究停滯，就連之前的成果也沒有得到繼承。

這個被當時中國稱為「大秦」的羅馬帝國，在數學和其他科學上沒有任何發展，也因此成為人類科學史上最黑暗的時期。

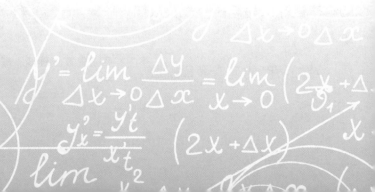

　　數學史和歷史上的古希臘概念不完全相同。歷史中的古希臘是指在馬其頓佔領之前的希臘城邦，而在馬其頓征服希臘以後，古希臘數學和其他文明並沒有中斷，而是繼續繁榮地發展，數學史中，這兩段時間的數學成就都屬於古希臘數學史。直到羅馬帝國戰勝馬其頓後，希臘數學和文明才中斷。不過古羅馬的文明無法擺脫古希臘的影響，以神話為例，古羅馬幾乎全面照搬古希臘的神話，只不過把神祇換了名字而已，比如希臘神話中的宙斯在古羅馬神話中變成朱庇特。

　　歐洲人對古希臘文明有天然的歸屬感，不管統治者如何更迭，都無法消滅歐洲人在思想、精神上對古希臘文明的繼承。

第三章

中世紀和文藝復興時期的初等數學

21

保留數學文明的火種

伊斯蘭數學

　　說起伊斯蘭國家，可能有很多人會想到恪守《古蘭經》每天都要禱告的穆斯林，衝突不斷的中東地區，或者有著豐富石油資源揮金如土的阿拉伯土豪。很少有人會把他們和數學聯繫在一起。實際上，伊斯蘭國家在數學的發展史上發揮著重要的作用，甚至有著巨大的貢獻。

　　在伊斯蘭數學發展之前，古希臘是世界上最發達的國家。這時的古希臘和現在的希臘概念不同，它從最初的克里特文明和邁錫尼文明發展而來，是零零散散的城邦制。雖然是每個城邦沒有形成一個整體，各自為政，衝突不斷，但畢竟同宗同族，信仰相同，科技和文化交流還算暢通，面對外族侵略，古希臘人也能團結起來，在兩次希波戰爭中戰勝了侵略的波斯人就是鮮明的例子。不過經歷了長期的內亂，最後古希臘又被北部的馬其頓人征服。馬其頓王國和古希臘人信仰相同，所以古希臘時期的數學得到了很好的保留和發展，當時的學術研究中心也從雅典搬到了亞歷山大城。但好景不常，馬其頓王國分裂成三個國家，被古羅馬人各個擊破，至此古希臘的數學研究徹底停滯。

　　實際上，一開始古羅馬帝國也仰慕古希臘先進的文明，他們主動學

習古希臘數學和其他所有的知識，甚至連生活習慣都向希臘人學習，因此古希臘一些「不好」的思想，比如享樂主義，也在古羅馬帝國蔓延。這種現象引起了教會和羅馬元老院的憤慨，他們認為這是和基督教義完全違背的，於是下令驅逐所有的古希臘學者，羅馬帝國也不允許從事科學研究，至此，古希臘和古羅馬之間的數學文明傳承徹底中斷。

　　歐洲大陸已經沒有希臘學者的容身之所，他們紛紛逃往西亞和中東的伊斯蘭地區，在那裡有另一個尊崇科學的國家——阿拉伯帝國。儘管信仰不同，但出於對知識的渴望，阿拉伯人還是願意收留他們。成立於西元六三二年的阿拉伯帝國，是世代居住在西亞的阿拉伯人成立的國家，這個國家有著強大的軍事力量足以和古羅馬帝國抗衡，也可以給這些學者長久棲身之所。流亡的學者在阿拉伯人的幫助下，在巴格達成立了圖書館、觀象臺、科學宮和學院，繼續他們的研究，而阿拉伯人也積極吸收這些知識。在希臘學者的幫助下阿拉伯學者對古希臘數學典籍進行研習、翻譯和修正，很好地保留了古希臘燦爛的數學文明，形成了中世紀的相容並包的伊斯蘭數學。

　　在數學史上，儘管伊斯蘭世界的數學家並沒有太多的創新，但他們的貢獻也不可磨滅，堪稱偉大。在古羅馬拋棄數學文明的時候，他們選擇了全盤接受；當歐洲進入文藝復興時期，這些保留在伊斯蘭世

中世紀伊斯蘭學者。

界的數學知識又傳回歐洲，同時傳回的還有他們在中亞、南亞地區獲得的數學知識，比如印度發明的十進位計算方式，給歐洲帶來數學的文明。可以想像，如果沒有伊斯蘭世界保留數學文化的火種，無數數學家在之前上千年的成果都會毀之一旦，這對人類數學和其他科學的進步都是一種沉重的打擊。

TIP 8

中世紀時期，西亞的阿拉伯人建立了伊斯蘭教的封建帝國——阿拉伯帝國，較好地保留了古希臘的數學文明。阿拉伯帝國最興盛的時候，東到印度和帕米爾高原，西到大西洋沿岸，地跨亞、歐、非三大洲。在唐朝的各種文獻中，阿拉伯帝國被稱為大食，甚至還有唐軍與大食交戰的紀錄。阿拉伯帝國受到過兩次重大打擊，一次是在西元一〇五五年被突厥人攻陷首都巴格達，另外一次則是西元一二五八年被西征的蒙古帝國所滅。當然，這時他們保留的數學成果已經從拜占庭帝國帶回歐洲。

22

代數學之父

阿爾·花拉子米

在阿拉伯數學發展史上，阿拉伯阿拔斯王朝的著名數學家阿爾·花拉子米不可不提。他不僅是數學家，還精通天文學和地理學，由於他在代數和算數上有著巨大的貢獻，所以又被後人譽為「代數學之父」。

阿爾·花拉子米原名叫穆罕默德·本·穆薩·阿爾·花拉子米。其中阿爾·花拉子米並不是他本人的名字，而是「來自花拉子米」的意思，為了簡便他才被稱為阿爾·花拉子米。阿爾·花拉子米出生在現在的烏茲別克斯坦境內的花拉子米帝國，這個由波斯人和突厥人組成的帝國被阿拉伯人佔領了以後，都皈依了伊斯蘭教，成為伊斯蘭世界的一部分。

為了更好地學習，阿爾·花拉子米離開了自己的國家，遊歷到伊斯蘭世界的數學中心巴格達。在阿拔斯王朝的天文

前蘇聯在西元一九八三年九月六日發行的紀念郵票，以紀念花拉子米一千兩百歲生辰。

臺工作期間，阿爾·花拉子米閱讀了大量來自於古希臘的數學著作，學習到幾乎全部的幾何知識。但他發現自己的興趣並不在此。於是他放下證明幾何圖形的草稿，投入到代數和算術的研究中。

在古希臘數學發展中，幾何學一直佔有重要的地位，而對算術、代數和數論的研究有一定成果的只有古希臘末期的丟番圖。因此，阿爾·花拉子米並沒有參考古希臘的代數著作，而是把眼界放到了更廣闊的世界。正巧在這時印度人使用的十進位被帶到了阿拉伯，阿爾·花拉子米便在著作《算術》中首次論述和使用了十進位的整數和小數的計算方法，詳細地闡述了加、減、乘、除、開平方等計算方法，與之前的計算方法相比，阿爾·花拉子米的計算方式有規律可循且簡便，為數學運算奠定了基礎，被後世稱為「運演算法則」。

不僅如此，他還在《還原與對消》一書中，對含有未知數的等式進行研究，首次提出了未知數、已知數、移項、同類項、方程、根等概念和計算方法。在阿爾·花拉子米以前，算術和代數僅僅是幾何的附庸，只有最終求幾何圖形邊長或者面積的時候才用得到，而阿爾·花拉子米把它們從幾何學中分化出來，最終發展成一門獨立的數學學科，而代數和算術兩個詞也是由他的著作中發明的。因此，阿爾·花拉子米是當之無愧的「代數學之父」！

除了數學上的貢獻，阿爾·花拉子米的本職工作天文觀測和曆法的制定也做得非常出色。他學習了古代印度、波斯和古希臘的天文演算法，並且根據自己的觀察，制定了阿拉伯最早的天文曆法，又被稱為《阿爾·花拉子米曆法表》，不僅阿拉伯帝國，伊斯蘭世界的每一個國家都採用

這種曆法，直到幾百年之後，歐洲天文學家才使用這個曆法表為基礎，制定出自己的曆法。

在地理學上，阿爾‧花拉子米繪製了阿拉伯世界的第一份地圖，並且記載了上百個地名的經緯度，甚至還繪製了地形，劃分了氣候區。由於阿爾‧花拉子米的學術水準之高，研究範圍之廣，和開創性的貢獻在世界數學的發展史上很少見，在伊斯蘭世界裡更是無人能敵，所以他也被西方科學史專家稱為伊斯蘭世界最偉大的穆斯林科學家。

TIP 8

花拉子米國歷史悠久，從西元前六○○年被波斯帝國佔領成為一個省，到西元一二三一年被蒙古帝國所滅，前後經歷了近兩千年。由於侵略接二連三，花拉子米的工匠們逐漸摸索出建築碉堡的方法。中亞地區缺少木材，他們便用天然的石頭作楔，把石塊之間牢牢固定在一起，此外，他們會燒陶片做為下水管道。他們的建築非常堅固，以致於一千年後的今天，在烏茲別克斯坦還能看到很多他們留下的碉堡。

23

黑暗時代的數學曙光

斐波那契的兔子和代數

　　在古羅馬帝國統治下的歐洲使用羅馬數字進行計算，但義大利數學家斐波那契覺得這種數字計算起來太困難了，他聽說阿拉伯人從印度那裡學會了更好的記數方式，便決定去阿拉伯帝國學習。

　　斐波那契原名列奧納多，因為他的父親威廉的外號是斐波那契，所以他就成為小斐波那契。這個綽號比原名知名的大數學家，西元一一七五年出生在一個商人家庭，父親威廉長年在北非地區經商，與阿拉伯地區接觸很多。在當時，羅馬的教育水準要遠遠落後於阿拉伯帝國，父親希望他能受到良好的教育，於是帶著他四處遊學，到斐波那契二十五歲的時候，他終於學成歸國，開始傳授數學知識，同時開始撰寫《計算之書》。

　　在《計算之書》中有這樣的一個問題傳世已久：一般而言，兔子在出生兩個月後，就有繁殖能力，一對兔子每個月能生出一對小兔子。如果不考慮死亡，那麼一年以後可以繁衍多少對兔子。

　　這個問題很簡單。我們發現在第一和第二個月只有一對兔子，在第三個月兔子有了繁殖能力，生出了一對小兔子，所以一共有兩對兔子，

第三個月，小兔子沒有繁殖能力，而老兔子又生下一對，這樣一共有了三對兔子。按照這個方法計算下去，就能得到每個月的兔子數量，如果把每個月的兔子對數排成一列，就會得到：

1、1、2、3、5、8、13、21……

如果考慮連續三個數，我們會發現，前兩個數之和正好等於第三個，這就是著名的斐波那契數列。

令人驚訝的是，斐波那契數列在自然界中無處不在。斐波那契數列越向後，相鄰兩個數之比就越接近黃金分割；生物學上著名的路德維格定律就是用斐波那契描述的：樹木生長新的枝條後，要休息一段時間，等到自身長成後，才能在自身上萌發新的枝條，而同時老枝仍然萌發。如果我們從下向上觀察一棵樹，會發現樹的分叉數量就是按照斐波那契數列；很多植物的花瓣數量也暗含著斐波那契數列，比如百合花的花瓣數目是三，梅花花瓣數目為五，萬壽菊有十三瓣花瓣等等，直到上個世紀九〇年代生物數學的興起後，數學家們用數學工具證明、用電腦類比生物的生長發育過程時發現，植物符合斐波那契數列並不是偶然的，為了節省自身能量的損耗，植物會以斐波那契數列長出花瓣。

雖然在數學史上斐波那契並不算有非凡貢獻的數學家，但此時古羅馬帝國的數學研究已經中斷了近千年，整個帝國幾千萬人再也找不到比斐波那契更懂數學的人了。時任神聖羅馬帝國皇帝的腓特烈二世非常喜歡數學，他經常邀請斐波那契到皇宮中做客，為自己傳授數學知識。

和古希臘末期的數學家相比，斐波那契是幸運的。他的父親給他提供了一個良好的學習環境，能學習到阿拉伯數學家保留先進的數學知識；

他遇到了一個喜愛數學的君主，不僅沒有掣肘，而且還得到了很多支援；他出生在數學百廢待興的歐洲，有了開創歷史的基礎條件。

斐波那契在有生之年絕對想不到，歐洲黑暗時期即將過去，自己身後的數學家們將再次迎來文明的曙光，而數學也進入高速發展時期，發生了翻天覆地的變化。

TIP 8

如果把斐波那契數列做為邊長，可以畫出很多正方形，把這些正方形一個個地拼起來，並且用圓弧連接其中的兩個頂點，就能形成斐波那契螺旋線。斐波那契螺旋線也稱為「黃金螺旋線」，在自然界中廣泛存在，比如海螺剖面、葵花子的排布都符合這個結構。自然界中出現的斐波那契螺旋線並不是巧合，這個規律已經得到數學家的證明。同時，很多繪畫和攝影作品中也有意識地採用了這種結構，比如名畫《蒙娜麗莎》就和斐波那契螺旋線非常契合。

24

投影幾何的誕生

在斐波那契之後的一百多年裡，人文主義精神的萌芽在義大利的亞平寧半島上陸續出現，基督教會對思想的控制使歐洲大陸的人們越來越不滿，他們在藝術和科學上力圖掙脫宗教的桎梏，最終形成了一場席捲整個歐洲大陸的思想文化運動——文藝復興。

在文藝復興時期，藝術和科學都發生了翻天覆地的變化，沉睡了近一千年的數學被喚醒，開始了新的發展時期。

文藝復興時期的數學發展開始於藝術家。當藝術家們把創作從以神為中心轉移到以人為中心，歌頌世俗生活的時候，就不免要更多地對大自然進行創作。我們都知道，人類和大自然存在的空間有長、寬和高的屬性，也就是我們說的三維，而藝術家如何在紙面上展現空間感就是一個難題。

文藝復興前期，佛羅倫斯有一個著名的建築師叫布魯內列斯基，現在世界上第四大教堂佛羅倫斯大教堂的穹頂就是在他的指導和設計下完成的，而在數學上他的貢獻也很大。布魯內列斯基透過通往遠方的平行線，發現最後平行線在無窮遠處能集聚成一個點，而這個點正好在目光

高度的這條線上；在這條線上的透視線要向下傾斜，線上的透視線要向上傾斜等規律。這就是現在學習任意一種繪畫都要學習的基礎知識——透視法。

透視法的出現讓藝術家和建築師們可以在紙面上更好地描述空間的物體和建築，從此文藝復興時期的繪畫藝術開始繁榮發展起來。

這時，另外一位建築師阿爾貝蒂試著從幾何角度來理解透視法：如果在景物和眼睛之間放置一塊板，假設光線從眼睛射到景物上，那麼這些光線在板上形成的形狀是什麼，板放置位置和角度不同，形狀有怎樣的變化，這就是新的數學門類——投影幾何的來源。不過這些問題對一個建築師來說實在太難了，所以阿爾貝蒂並沒有得到什麼有用的結論。

布魯內列斯基雕像。

對投影幾何有突出貢獻的兩位數學家是法國數學家德沙格和他的繼承者帕斯卡。由於投影幾何內容偏少，所以知識體系並不龐大，其中最引人注意的成果就是德沙格定理了：如果兩個三角形對應頂點連線共點，則它們對應邊交點共線；反之也成立。

數學和物理雙料學家帕斯卡在年少的時候就開始對投影幾何理論進行研究，十七歲的時候就寫成了《圓錐曲線論》，研究圓錐曲線完善了德沙格的理論，他根據帕斯卡定理「如果一個六邊形內接於一個圓錐曲線，則六邊形三對對邊交點共線，反之也成立」演繹出四百多個有關的

結論。

　　實際上，從文藝復興時期到現在投影幾何都不是研究的主流方向，做為歐氏幾何中一個比較特殊的分類，投影幾何越來越被其他更高層次的幾何和研究方法代替，甚至很多大學的數學系已經不開設這門課程了。但在文藝復興前期，投影幾何的出現鼓舞了很多有志於從事數學研究的人。有了投影幾何這顆數學的種子，在文藝復興的春雨之下，歐洲大陸的數學研究如雨後春筍一樣萌發嫩芽，代數學、解析幾何和微積分茁壯成長，成為現代數學的三大基礎。

TIPS

　　在投影幾何中有一個著名的德沙格定理：如果平面上兩個三角形（$\triangle ABC$ 和 $\triangle A'B'C'$）對應點（A 與 A'，B 與 B'，C 與 C' 分別對應）的連線相交於一點 S，則對應邊連線（AB 與 A'B'，BC 對 B'C'，AC 對 A'C' 對應）的交點 H、I 和 J 在同一直線上。

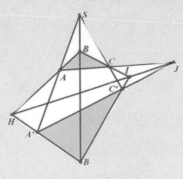

25

三次方程的解法

　　文藝復興早期，義大利亞平寧半島上很多熱愛數學的人，他們經常舉行一些數學競賽來比較彼此的數學水準。這些私人的數學競賽大大激發了人們研究數學的熱情，提高了數學水準，更重要的是由此產生了很多數學新發現，其中最知名的便是塔爾塔利亞和卡丹之間的三次方程求解競賽。

　　塔爾塔利亞出生在義大利北部的佈雷西亞，這個地區和法國毗鄰，在那時經常受到法國的入侵。

　　在塔爾塔利亞小的時候，佈雷西亞終於被攻破，驚恐的人群四處逃散，但仍然免不了法國軍隊的屠殺。可憐的塔爾塔利亞親眼目睹自己的父親被法國軍人殺死，而自己的頭蓋骨也被刀劈，舌頭也受了傷。

塔爾塔利亞。

在母親的精心照料下，塔爾塔利亞奇蹟般地恢復了健康，但也因此留下了結巴的後遺症，從此所有的人都用「塔爾塔利亞」──結巴來稱呼他。

儘管塔爾塔利亞只上過兩個星期的學，但他憑藉自學和頑強的毅力掌握了當時大部分數學知識。

西元一五三五年，塔爾塔利亞宣稱自己找到了三次方程的解法，在當時引起了軒然大波。歷史資料證明，人類在幾千年前就已經找到了二次方程的解的公式和計算方法，但卻一直沒有攻克三次方程的求根公式。

塔爾塔利亞的成就讓數學家弗里奧非常不滿，很早以前弗里奧的老師費爾洛有某些三次方程的解法，在費爾洛臨終前把這些「鎮家之寶」都傳授給了自己的愛徒，所以弗里奧堅稱老師的方法才是最有效的。於是，弗里奧向塔爾塔利亞宣戰──西元一五三五年二月二十二日，兩人互相為對方出三十道三次方程的問題，看誰解得最多、最快、最準。

比賽那天，很多數學家都來觀戰，塔爾塔利亞用不到兩個小時的時間，完全正確地解出了弗里奧提出的三十個方程，以三十比六戰勝了對方，從此以後名聲大震，成為很多數學家的座上客。

人們勸說塔爾塔利亞把這個公式發表，讓更多人學習到這種方法，但塔爾塔利亞總說不到時候，一方面因為他的方法不能解決所有的三次方程，他要進行進一步的研究；另一方面因為他準備寫一本可以媲美歐幾里得的《幾何原本》，而這個公式就是其中最重要的內容之一。

在塔爾塔利亞和弗里奧競賽的時候，醫生卡當也在現場，塔爾塔利

亞能快速地解決三次方程讓卡當非常羨慕，他找到塔爾塔利亞希望能拜他為師。雖然塔爾塔利亞並不想收什麼徒弟，但卡當騙塔爾塔利亞說自己和他一樣，小時候生病、受傷、讀不起書，這讓塔爾塔利亞彷彿看到了自己年少時學習的艱難，同時卡當還承諾會幫助塔爾塔利亞把口吃治好，於是塔爾塔利亞就收了卡當為徒，把三次方程的解法傳授給他，並請他答應不會把方法洩漏。

卡當得到這些公式後欣喜若狂，他忘記了自己的諾言，在西元一五四五年，卡當在自己《大術》一書中記錄了三次方程的求解公式，從此這個祕而不宣的方法終於公布於眾。

儘管在《大術》一書中，卡當承認這個方法是塔爾塔利亞教他的，但人們仍然認為卡當是方法的發現者，於是把三次方程求解公式命名為「卡當公式」。

卡當的背信棄義讓塔爾塔利亞很生氣，他經常發表文章斥責卡當的卑劣行徑，最後竟然被惱羞成怒的卡當雇傭殺手殺死。

雖然塔爾塔利亞的三次方程被卡當竊取，但現在幾乎所有數學家都知道這個公式是塔爾塔利亞發現的，這也算是對他的一個安慰。

另外，塔爾塔利亞也是一位出色的軍事科學家，他利用數學工具和物理知識對炮彈運動軌跡進行研究，成為彈道學的開山鼻祖，從此歐洲開始了船堅炮利的時代。

在塔爾塔利亞的解法中，任何一個一元三次方程 $ax^3+bx^2+cx+d=0$（$a \neq 0$）可以透過換元變成 $x^3+px+q=0$ 進行求解。一元三次方程和一元二次方程相同，在實數範圍有無解的情況，所以它也有根的判別式，$\Delta = \left(\dfrac{q}{2}\right)^2 + \left(\dfrac{p}{3}\right)^3$，用來判斷方程有幾個根。

根據代數學基本定理，在複數範圍內，如果計算重根，方程的根數量和次數相同，那麼三次方程就有三個根：

$$x_1 = A^{\frac{1}{3}} + B^{\frac{1}{3}}; x_2 = A^{\frac{1}{3}}\omega + B^{\frac{1}{3}}\omega^2; x_3 = A^{\frac{1}{3}}\omega^2 + B^{\frac{1}{3}}\omega$$

其中

$$A = -\frac{q}{2} + \sqrt{\left(\frac{q}{2}\right)^2 + \left(\frac{p}{3}\right)^3}, B = -\frac{q}{2} - \sqrt{\left(\frac{q}{2}\right)^2 + \left(\frac{p}{3}\right)^3},$$

$$\omega = -\frac{1}{2} + \frac{\sqrt{3}}{2}i.$$

26

無法調和的科學和神學

帕斯卡的悲劇

做為物理學家，本萊仕·帕斯卡被人們熟知是因為壓力的單位用他的名字命名，實際上，他也是一位著名的數學家。

在投影幾何上，帕斯卡沿著德沙格的軌跡做出了很大的貢獻，但他的一生掙扎在神學和科學之間，最後憂鬱地死去。

文藝復興時期，很多數學家和物理學家都有類似的困擾，而帕斯卡的悲劇也成為他們人生的縮影。

帕斯卡。

帕斯卡的父親堅信學數學對身體有很大的傷害，在帕斯卡小的時候，他杜絕小帕斯卡與數學有任何接觸。

但帕斯卡十二歲的時候獨立證明了三角和等於 180°的定理，這讓他的父親大為驚訝和感動，於是親自傳授他數學知識。帕斯卡很小的時候，

就能獨立證明出《幾何原本》內的前三十二個定理，而且順序和書中的完全相同。在帕斯卡短短三十九年的生命裡，他在投影幾何、二項式上有很大的成就，在和數學家費馬通信的時候，又奠定了機率論的基礎。

帕斯卡一生都是虔誠的天主教徒，但他的一生也在苦惱中度過。在研究中帕斯卡發現，自己得到很多科學的結論與神學有很大的矛盾，一方面是自己的信仰，另外一方面是無可辯駁的事實，他都不知道自己要相信哪一個，同時又為自己探究科學的行為感到深深自責——這相當於懷疑上帝，懷疑自己的信仰，最終，他還是選擇放棄了自己的研究，專心鑽研神學。

導致帕斯卡放棄研究的催化劑是天主教會對伽利略的迫害。

在一百多年前，天文學家哥白尼創立了「日心說」，反對天主教會宣揚的「地心說」，再後來的幾十年裡很多科學家都支持哥白尼的學說

伽利略在宗教裁判所受審。

選擇公開與教會對抗，而被教會迫害，其中最有名的就是布魯諾被綁在銅柱上燒死，而伽利略也因為支持「日心說」被教會軟禁。

相傳，帕斯卡害怕被教會懲罰，死後要下地獄，就自己訂做了一條帶有尖刺的皮帶，把尖刺向裡帶著。一旦自己不由自主產生了有悖於天主教會的想法，就狠狠地用拳頭打擊腰帶，讓尖刺刺進腰部，用痛楚來贖罪。肉體上的疼痛並不嚴重，但精神上的打擊卻是致命的，終於，帕斯卡在精神分裂中去世。

隨著科技的發展，宗教對待科學和世俗的態度也發生了翻天覆地的變化。

西元一九九二年十月三十一日，梵蒂岡教皇約翰‧保羅二世為伽利略受到不公正的待遇平反，也告誡教廷聖職部的人員和二十多位紅衣主教「永遠不要發生類似伽利略的事件」和「永遠不要干預科學的發展」。

自古以來，宗教和科學的之間的矛盾不可調和，無數科學家在教會的陰影下為追求真理付出了自己的生命，而教會也因為干預科學影響了自身的發展，更做出了自己打自己臉的事情。伽利略的平反是教會與科學之間達成的一種平衡和妥協，這是宗教的進步，也是整個科學界的進步。

生不逢時的帕斯卡如果地下有知，也一定和哥白尼、布魯諾、牛頓等糾結於神學和科學的大家一樣欣慰。

　　比起數學上的貢獻，帕斯卡在物理上的貢獻更令人矚目。帕斯卡是世界上第一個發現了大氣壓力隨著高度變化而變化，並且對托里拆利實驗進行了驗證，證明了自己的猜想：既然大氣壓力是空氣重量產生的，那麼，越高的地方大氣壓力應該比較低，玻璃管中的液柱就應該比較短。帕斯卡對空氣和液體等流體進行了詳盡的研究，發現了流體的帕斯卡定律，也根據這個定律發明了水壓機。

　　為了紀念這位數學家和物理學家，壓強的單位用帕斯卡命名，一帕斯卡等於一牛頓的力作用在一平方公尺產生的壓力強度，在地球表面的壓力強度約為一百零一千帕斯卡，即一個標準大氣壓。

27

密碼專家和他的未知數

符號系統的產生

在代數學中，方程中的未知數用字母表示；形如 1+1，2+1，3+1 的等式，可以用 a+1 表示，其中 a 可以代表 1、2 和 3。漢語中的「代數」一詞，直譯就是用字母代替數字的意思。在數學中，用字母代替數字進行一系列的計算，被稱為符號系統。而用代數系統看起來似乎很簡單，但卻不是那麼容易發明出來的。在這裡，法國數學家韋達有著巨大的貢獻，為代數學理論研究帶來翻天覆地的變化。

在韋達生存的年代，法國和西班牙之間有一場戰爭，彼時的西班牙軍隊戰鬥力很強，讓法國軍隊難以招架，不過法國也偶爾能截獲西班牙軍隊的密碼。看著這些用奇怪符號表示的資訊，法國國王很著急，他迫切想知道這些密碼表示的含意，以求在戰鬥中獲取主動。國王聽說議會裡有位叫做韋達的議員懂數學，就把他召入宮中尋求解決之道。實際上，韋達並不是專業的數學家，

法國數學家韋達。

他的主業是律師和議會議員，只是在業餘時間研究數學為樂。不過韋達

並沒有讓國王失望，他利用數學知識破解了西班牙軍隊的密碼，從此聲名鵲起，成為專業的數學家和密碼學家。

在破譯密碼的時候韋達陷入了深深的思索，如果可以用符號來表示數字，那麼字母當然也可以表示，而且用字母表示數字有很多好處，把字母換成不同的數字，就能得到不同的式子。在韋達之前，算術和代數沒有區別，但在韋達的《分析法入門》一書中，韋達發明一套符號來表示數學上的式子，從此算術代表具體數字的運算，代數的應用的更廣泛，用字母代替數字來描述一般的計算方法，兩者終於劃清了界限。工欲善其事，必先利其器。研究代數的數學家有了韋達的工具，終於不再糾結繁文縟節的具體計算，只需要關注整體規律即可。而韋達也被稱為「文藝復興時期的代數學之父」。

西元一六一五年，韋達在《論方程的識別與訂正》中提到了一元二次方程和一元三次方程的根與係數關係，即韋達定理。迄今為止，韋達定理是任何一個學習初等數學的人必須學習的定理，它的基礎作用不言而喻。但有趣的是，沒有任何資料顯示了韋達嚴格證明了這個定理，也就是說韋達定理很可能只是韋達一個猜想。

實際上，不管韋達定理如何證明，也無法避免代數學基本定理：任何複係數一元 n 次多項式方程在複數域中至少有一個根，由此推出，n 次複係數多項式方程在複數域上有且只有 n 個根（重根按重數計算）。簡單地說，如果認為 -1 可以開平方，則 n 次方程一定有 n 個根。而這個定理直到一七九九年，著名數學家高斯才在他博士畢業論文中首次證明出來，至此韋達定理才被證明出來。

在文藝復興時期的歐洲，很多數學家研究多個學科，有的數學家同

時也是物理學家，類似於韋達的業餘數學家也能取得輝煌的成就，而現代數學家的研究方向就很狹窄，有的人因此厚古薄今，認為現代還不如幾百年前。實際上，由於數學研究的深入，數學分支和深入程度遠非幾百年前可比。在今天，想要掌握基本的數學研究工具和方法，正常情況下學習就要十多年時間，可以設想，即使歐拉、高斯活到今天，也無法取得與當年相提並論的成就了。

TIP 8

在韋達生存的年代，密碼學為基於字元的密碼。基於字元的密碼大致分為兩類，一種是替換密碼，另一種是置換密碼。替換密碼的明文中每一個字元對應著密文中的一個字元，資訊發送者和接受者都熟記同一個密碼本，資訊發送者把資訊翻譯成密文傳送給接受者，接受者再翻譯成明文。置換密碼系統只是把明文中字元打亂了順序，而密碼本中記錄的則是打亂的順序。

不論哪種密碼，密碼創建者需要建立一個打亂順序的方法，這個方法可以用多項式或者變換群描述，在密碼學中稱為金鑰。而破解密碼，就是破解金鑰，因此密碼學的很多研究都是建立在代數學上的。

28

虛無縹緲的數字
虛數與複數域

　　如果我們考慮 $x^2 = 4$，所有人都會給出答案：$x1 = +2$ 或 $x2 = -2$；如果考慮 $x^2 = 0$，也會得到兩個相等的根：$x1=x2 = 0$，這些結果符合代數學基本定理：二次方程有兩個根。但如果我們讓 $x^2 = -1$，方程的根是什麼呢？很多人都會說這個方程沒有解，但如果我們非要根據代數學基本定理做出它的解，就會得到這樣兩個根：$x1 = \sqrt{-1}$ 或 $x2 = \sqrt{-2}$。

　　是否真正存在呢？關於這個問題，數學家糾結了幾百年。西元一五四五年，卡當利用從塔爾塔利亞那裡騙取的三次方程求根公式寫成《大術》一書，在書中討論了這樣一個問題，兩個數相加為 10，相乘等於 40，則這兩個數分別是多少？儘管卡當發現利用求根公式，這兩個數「不存在」，但還是把它寫入書中，謹慎地認為這兩個數沒有意義，是虛無縹緲的。

　　緊接著，很多數學家都發現了這樣的「不存在」的數，但每個人都不願意承認，盡量避免對虛數的討論。直到一六三七年，法國數學家笛卡兒在《幾何學》一書中才正視這些「虛無縹緲」的數，把它們和常規的「實際存在」的數對立起來，並且為它們命名為「虛數」。

當時很多數學家都不承認虛數，德國數學家萊布尼茲說過：「虛數是神靈遁跡的精微而奇異的隱蔽所，它大概是存在和虛妄兩個世界裡的兩棲物。」但笛卡兒還是給予數學家們信心去正視這種數字。一七四七年，法國數學家達朗貝爾在著作中寫到，虛數和虛數之間，虛數和實數之間也可以做類似與實數中的四則運算，所以虛數可以寫成「實數加上一個實數倍的虛數」，但虛數之間是無法比較大小。

　　虛數的誕生是瑞士數學家歐拉做出的。他在《微分公式》中第一次用 i 表示 ，並且認為虛數不是想像出來的，而是實際存在的。在當時，歐拉是歐洲最權威的數學家，他是第一個承認虛數的存在，這也讓數學家們都鬆了口氣，大家也都紛紛針對虛數進行研究。就像實數包括有理數和無理數一樣，數學家們發明了「複數」一詞，來包括實數和虛數。如果做出一個數軸，每個實數都可以在數軸上表示出來，但虛數如何表示呢？挪威數學家卡斯帕爾・維塞爾在一七七九年在平面上嘗試用點表示虛數，但當時沒有人重視在斯堪地納維亞半島一個不知名數學家的意見。直到數學家高斯重新提出，大家才接受這種觀點，而這個平面也被稱為複平面。

　　長久以來，數學家認為複數沒有什麼用途，只是形式上存在而已，但隨著科學的發展，複數的用途越來越多，數學中有專門研究複數和其對應關係的複分析，而複分析也廣泛應用於力學、電子等領域，成為這些專業工程師必修的一門課。

　　任何一個嶄新概念的引入都要面對舊勢力的阻礙，人類任何科學的進步都要經歷這樣的過程。好在複數誕生的時候，數學家們沒有做出太

極端的舉動，而把這個遲來的數字扼殺在搖籃裡。和古希臘相比，這個時代的思想更加開放，也能容納更多的不同想法，生活在這個時代的數學家，比被發現無理數而被浸豬籠的希帕索斯幸運太多了。

TIP 8

幾千年來，人們只接觸到實數，隨著虛數的發現，數學家們把實數和虛數用一個更廣闊的範圍——複數——包括起來，從此虛數得到了正名。

複數的一般形式為a+bi, a和b都是數，當a＝0, b≠0時，就成為虛數；當b=0時，則為實數。

如果在複數範圍內解一元二次方程，在考慮重根的前提下，就一定能得到兩個解，例如：x²+x+2=0, 根據求根公式可得：

$$x_{1,2} = \frac{-b \pm \sqrt{b^2 - 4ac}}{2a} = \frac{-1 \pm \sqrt{1^2 - 4 \times 1 \times 2}}{2 \times 1} = \frac{1 \pm \sqrt{-7}}{2} = -\frac{1}{2} \pm \frac{\sqrt{7}}{2}i$$

29

笛卡兒家的蜘蛛

直角座標系的誕生

　　儘管很多幾何圖形需要計算面積，而很多方程可以有幾何意義。但一直以來，幾何學和代數學是互不相關的兩門數學，沒有數學家會認為幾何證明和代數式的計算有什麼關係，直到直角座標系的發明。

　　笛卡兒是著名的哲學家、物理學家和數學家。在哲學上，笛卡兒是二元唯心主義的代表，有著眾所周知的名言「我思故我在」，被黑格爾稱為「現代哲學之父」。

　　笛卡兒的哲學對歐洲大陸的影響直至今天，為近代資本主義哲學的奠定了基礎；而在數學上，笛卡兒的直角座標系可以媲美他哲學上的巨大成就，而直角座標系和仿射座標系因此被稱為笛卡兒座標系，或者笛卡兒標架。

　　在笛卡兒一歲的時候，他的母親因為肺結核去世，而他也受到了傳染。雖然笛卡兒勉強保住了性命，但一生體弱

笛卡兒。

多病，每天需要在床上躺十八個小時，因此，學校允許他不用在課堂裡學習。最初，笛卡兒按照父親的願望學習神學，但他很反感神學中自相矛盾的說法，便把更多的精力放到了數學和物理學中。多才多藝的笛卡兒先後獲得過法律和醫學的學位，但最終還是沒有確定自己的職業。

直到西元一六一八年，他在荷蘭當兵的時候，發現街邊一塊告示板有一道數學問題徵答，這徹底激發他對研究數學的熱情，從此他移居荷蘭，擺脫教會的控制，專心研究哲學、數學和物理學。

笛卡兒全部的成果幾乎都是在荷蘭做出的，而他的名聲也傳遍了整個歐洲。

相傳有一天，笛卡兒躺在床上休息，突然發現天花板的角落裡懸掛著一隻蜘蛛。這隻蜘蛛引起了笛卡兒很大的興趣，他想：能不能用一組數來描繪蜘蛛的在空間中的位置呢？

這時笛卡兒發現，如果把牆和天花板相交的線做為基準，把蜘蛛的

克莉絲蒂娜（左）和笛卡兒（右）。

位置投影在這三條線上，就會得到一組數字，這組數字就表示了蜘蛛的位置。

笛卡兒把這三角線命名為空間直角座標系，並把結果公布於世。

從此，任何幾何圖形都可以在座標系中畫出來，也能用式子表示出來。

其他數學家沿著笛卡兒的軌跡走下去，陸續發現了幾何中的證明可以用計算代替，簡化了繁瑣的證明，形成了一門有別於歐幾里得幾何公理化體系證明的新的學科——解析幾何。

為了擺脫教會的控制，一六四九年笛卡兒應瑞典女王克莉絲蒂娜的邀請，奔赴斯德哥爾摩擔任女王的私人教師，而克莉絲蒂娜甚至為了向笛卡兒學習，改變了瑞典國教——新教的信仰，改信天主教而放棄了王位。不過由於瑞典地處北歐，天氣寒冷，第二年笛卡兒就患肺炎病逝了。

直到今天，人們還在享用笛卡兒留給整個世界的數學和哲學遺產，對他的研究也從來沒有停止過。除了直角座標系外，笛卡兒在數學史上有更突出的貢獻：數學是從哲學中分化出的，在數學不完善的年代，笛卡兒用哲學思想從更高的角度引領對數學的思考和研究，在思想上解放了牛頓和萊布尼茲等眾多數學家，為微積分的發明奠定了基礎。

現代的數學家們也因此清楚地認識到哲學對數學和其他學科的指導作用，甚至美國的自然科學的博士學位都用 Ph.D 來表示，也就是 Doctor of Philosopy（哲學博士），只是在學科上加以註明。

　　如果建立了笛卡兒的空間直角座標系，就可
以用一組數，即座標來表示空間中任意一個點的
位置。以正方體 ABCD-A′B′C′D′ 為例，如果它的
每一條邊都是 1，則空間中 C′ 點的座標就可以這
樣確定：從 C′ 分別向三個座標軸做垂線，垂足分
別為 B、D 和 A′，它們在 x 軸、y 軸和 z 軸上的座
標都是 1，按照順序寫在括弧裡，得到了 C′ 的座
標是（1，1，1）。

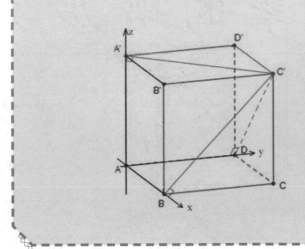

第四章

分析學的發展期

30

不斷發展的數學概念

函數和映射

在數學中，函數是一個基礎而深刻的概念。從邏輯上講，內涵越小則外延越大，也就是說，如果一個概念定義得越簡單，它能包括的事物就越多。

比如，人概念比中國人的概念更簡單，但人的數量也多於中國人。而對於函數這樣內涵很小的數學概念，也是眾多數學家在幾百年的努力下不斷完善的。

十七世紀伽利略和笛卡兒在研究數學的時候發現，類似於 y = x+1 這樣的式子，如果 x 變化了，y 也隨之發生變化，類似 x 和 y 這種變化的量叫做變數。

但當時笛卡兒認為，只要能用式子表示圖形就可以了，這種依賴關係並不重要，直到十七世紀末，牛頓和萊布尼茲發明了微積分，他們仍然沿用笛卡兒的觀點，只把這種關係看成是圖形。

直到西元一八一七年，瑞士數學家約翰·伯努利對函數概念第一次做出了定義：由任何一個變數和常數的任意形式所構成的量，伯努利的意思是，一個變數和其他的數做各種運算最後會變成一個式子，這個式

子就是函數。在現行的課本裡，為了方便學生們理解，函數採用了伯努利的定義，但這種定義是不完善的，因為很多函數是無法用式子表示的。

三十年後，歐拉在他的《無窮分析引論》中寫到：一個變數的函數是由該變數的一些數或者常量與任何一種方式構成的解析運算式。

和伯努利相比，歐拉的這種描述更抽象，包括的函數更多，歐拉承認了很多函數只能描繪與變數之間的關係，但卻不能用公式表示。

歐拉。

雖然大數學家歐拉已經發話說函數不一定能用式子表示，但問題最終沒有得到解決，函數是什麼還沒有蓋棺定論，很多數學家仍然可以對此進行無休止的爭論。

在十九世紀二〇年代，數學家柯西仍然認為函數一定要有類似於 y = 2x+1 這樣確切的關係式，也就是解析式。不過他猜測，一個確定的函數不一定只有一個解析式。沒想到第二年法國數學家傅里葉就發現了某些函數可以用多個關係式表示，從而結束了對函數解析式的爭論。

舊的問題結束了，但新的問題隨之產生：如果函數一定要用解析式定義，那麼函數和解析式就是等同的，函數就是解析式，解析式就是函數，可是有的函數有不同的解析式，這又說明函數和解析式不是同一個

概念。

　　直到一八三七年，狄利克雷做出了函數最經典的定義：對於在某個區間（範圍）上的每一個確定的 x 值，y 都有一個確定的值與它對應，那麼 y 叫做 x 的函數。這個定義避免了函數在解析式上的困擾，成為數學家們都認可的定義。

　　事情遠遠沒有結束。在後來的近一百年裡，數學發生了翻天覆地的變化，函數的變數也從實數變為不能比較大小的複數，甚至一些千奇百怪的東西都可以變成引數。於是很多數學家提出，既然變數都不是數字了，那麼應該找到一個比函數更廣泛的概念來描繪這種對應關係，於是「映射」的概念就被發明出來。

　　上個世紀三十年代，數學最基礎的概念——集合論的日臻完善，新的現代函式定義也隨之誕生：若對於集合 M 的任意元素，總有集合 N 確定的元素 y 與之對應，則稱在集合 M 上定義了一個函數，記為 y = f（x）。元素 x 稱為引數，元素 y 稱為因變數。由於這種函數的定義已經深入到數學的基礎——集合論，幾百年關於函式定義的爭論就此畫上了休止符。

　　數學的研究方向很多，每個方向的難度也不盡相同，類似於對函式定義這樣的問題可以算是數學上最艱難的。函數的定義需要十幾代數學家的研究，更需要幾百年數學的發展做為基礎，當我們現在在高中和大學課本裡很輕鬆就得到函數概念，還有千年累積的很多數學定理的時候，應該由衷地為自己生活在這個年代感到慶幸，也為數學家們的努力而感動。

　　函數在生活中處處可見，如果某件產品的價格是 100 元，則購買件數 x 和總花費 y 之間就存在著函數的關係：y ＝ 100x，其中 x 的取值範圍是從 0、1、2……這樣的自然數集 N。在這裡 y ＝ 100x 叫做函數的解析式或者關係式，引數 x 的取值範圍叫做定義域，即函數只在這個範圍有意義，在別的範圍，比如 x ＝ 1.5 是沒有意義的。

　　實際上，大多數函數都不能用或者很難用解析式表示，比如某車站第一天、第二天和第三天上車的人數分別為 109、228 和 96，沒有明顯的規律，如果寫出第 x 天和上車人數 y 之間的關係，只能使用圖表法，例如：

第 x 天	1	2	3
上車人數 y	109	228	96

儘管沒有解析式，但這仍然可以看成是一個函數。

31

對信號和波的研究

傅立葉分析的由來

微積分誕生之前，很多數學家就已經發現了函數可以進行多項式展開，也就是把函數轉化成多項式級數；在微積分學誕生之後，很多分析學應運而生，數學家們紛紛利用這個功能強大的工具對函數進行求導和積分，也能更容易地把函數展開成級數。

那麼，函數能不能轉化成性質更好的級數呢？

透過計算數學家們發現，如果能把函數展開成由三角函數構成的級數，就可以很容易地對它進行分析，因為求導計算實在太簡單了。

這種把函數用三角函數展開並表示的級數叫做傅立葉級數，這種變換方式叫做傅立葉轉換，而對它的分析也理所應當稱為傅立葉分析，又稱為調和分析。

西元一七六八年，傅立葉出生在法國中部的一個裁縫家庭，他很小就成為孤兒，卻幸運地被當地教會收養，並就讀於地方軍校。在軍校，傅立葉展現出超人的數學才華，並在二十多歲的時候進入巴黎綜合工科大學任教。

三年之後，傅立葉隨拿破崙的軍隊遠征埃及，並取得了拿破崙的賞

識，回國後擔任地方行政長官。

在十九世紀初期，很多數學家都致力於研究物理的問題，他們相信數學和分析學的工具可以計算很多原來無法解釋的物理問題，傅立葉也不例外，他透過利用函數的三角函數展開式，對熱傳導問題進行分析，取得了豐富的成果。

一八〇七年，法國巴黎科學院的三位數學大家——「３Ｌ」，即拉普拉斯、拉格朗日和勒讓德收到了傅立葉整理好的論文《熱的傳播》，卻一致認為這篇論文沒有價值。

不過好在傅立葉是個省長級的官員，直接駁回太不給他面子，只能建議他對論文進行修改，於是這篇傅立葉級數和傅立葉分析的開山之作才沒有被埋沒，在沒有被公開發表的情況下，獲得了科學院大獎。

任何新的理論都需要時間的證實。十年之後，傅立葉的論文又被數學家們提及，他們發現，之前歐拉和伯努利關於三角函數的工作，很多只是傅立葉分析的特殊形式而已，也就是說，傅立葉的成果比歐拉和伯努利更本質，通用範圍更廣闊。深受鼓舞的傅立葉把自己畢生的成果寫成一部專著——《熱的解析理論》，並於一八二二年發表。

傅立葉。

隨著物理學的進展，傳立葉分析變得越來越重要。物理學家發現，自然界中很多現象都與波有關，從鐘擺隨著時間變化不斷變換位置到信號傳播，很多物質都按照波進行運動甚至就是波，而相當一部分波在圖像上就是三角函數，放大、縮小、過濾這些波信號，增加信號的糾錯能力，都要用到傳立葉分析的工具。傳立葉分析已然成為每一個研究物理的學者必須掌握的基本技能。

32

高等數學的起點

微積分的誕生

　　有的人說高等數學與初等數學的分界是微積分，這種說法有一定的道理。在微積分之前，數學研究的問題都是離散的，不管是一個個數字還是圖形，都是單獨存在的數學物件，但在自然界中很多現象和過程不是一個個獨立存在的，比如一條彎曲連續的曲線有多長，一個人有時快有時慢地從一個地方走到另外一個地方等等，都不能用離散的物件研究，而微積分的出現解決了這些問題，因此微積分也成為了高等數學的起點。

　　在十七世紀，數學的發展已經不能滿足科學的需要。一些看起來很簡單的問題困擾著科學家，比如物體前進時某個時刻速度是多少，平面直角座標系中兩條曲線圍成的面積是多少等等。面對這種情況，數學家責無旁貸，他們需要發明新的數學工具來解決這些問題。

　　英國的數學家牛頓的研究工作是從人們都熟悉的運動開始的。考慮最簡單的情況，一個物體向某個方向做直線運動，幾乎每個人都知道物體的速度等於路程除以時間，這個速度實際上應該是這段時間的平均速度；而如果把這段路程縮到很小，那麼所用時間也會很小，如果路程和

時間都無窮小，這時的比值就是這段很短時間的比值，也就是瞬時速度。如果用數學語言描述即為，對路程關於時間的進行微分就得到了速度。

另外一個數學家萊布尼茲從另外一個角度來解釋他發現的現象：一個直線與曲線相交於兩點，如

牛頓。

果這兩點距離無窮小，那麼就可以近似認為這條直線與曲線只有一個交點，也就是曲線的切線。這樣就能用 y 差與 x 差的比例來計算切線的傾斜程度，也就是斜率。就這樣牛頓和萊布尼茲幾乎同時獨立地發現了微分。

在微分之後，兩個人又不約而同地把工作投入到積分以及微分和積分的關係中。牛頓研究了變速物體運動距離，萊布尼茲考慮了兩條曲線圍成面積，這兩個問題都是典型的積分問題；後來幾乎同時，兩個人都得到了連接微分和積分的公式，後人稱為牛頓－萊布尼茲公式，至此，微積分學誕生了。

數學家們一直認為，微積分學是繼歐幾里得幾何以來數學上最偉大的成就，給了它無上的榮耀和讚美之詞，但牛頓和萊布尼茲都堅稱自己才是最早發明微積分的人。同行相輕，他們互相指責對方剽竊了自己的

成果，為此爭論不休；甚至連歐洲的數學家們也火上加油，為誰最早發明了微積分進行了投票。結果顯而易見，英倫三島的數學家一致支持牛頓，歐洲大陸的數學家們被大科學家牛頓壓制著，紛紛把票投給萊布尼茲。

從此，英國和歐洲的學術關係日益惡化，甚至長時間斷絕了交流。

根據科學史學家考證，牛頓在西元一六七一年寫成了《流數術和無窮級數》，

萊布尼茲。

而十多年之後，即一六八四年和一六八六年，萊布尼茲分別發表了他關於微分和關於積分的論著，不過由於《流數術和無窮級數》直到一七三六年才出版，所以微積分學才被萊布尼茲搶先公布於世，牛頓的微積分學可謂是「起個大早，趕個晚集」。由於牛頓和萊布尼茲的微積分學都是差不多相同時期各自獨立完成的，後世也承認了他們各自的貢獻，所以爭論誰是第一已經沒有意義了。

儘管微積分是牛頓和萊布尼茲發明的，但在此之前費馬、笛卡兒和開普勒等數學家和物理學家們為此做了很多基礎性的工作，他們對微積分學創立做出的貢獻也不可抹滅，沒有他們也不會有微積分；而微積分發明之後，又有無數的數學家為此努力，做了很多開創性的工作。當我們使用當年萊布尼茲發明的符號熟練演算微積分，處理複雜問題的時候，請緬懷這些偉大的名字，要知道如果沒有他們，就沒有我們現代高度發達的文明。

微積分包括微分學和積分學。微分是研究一個函數在某點的變化速度，這種變化速度可以用直線的斜率 k 表示。如果研究在 P0 點的變化速度，可以分為兩步：第一，可以先做出過 P0 的一條割線，與函數圖像交於 P，這樣就得到了 P0 和 P 點的橫座標之差 Δx 和縱座標之差 Δy，進而得到了 $k = \dfrac{\Delta y}{\Delta x}$；第二，讓 P 點不斷接近 P0，即 Δx 趨近於 0，求出 $\dfrac{\Delta y}{\Delta x}$ 的極限，用 f'（x）或者 $\dfrac{dy}{dx}$ 表示：

$$f'\left(x_0\right) = \frac{dy}{dx} = \lim_{\Delta x \to 0} \frac{\Delta y}{\Delta x}$$

　　這個極限值就是 P0 點的變化速度。如果把式子進行整理為 dy=f'（x_0）dx，右側 f'（x_0）dx 就是函數 f（x）在 x=x_0 處的微分。

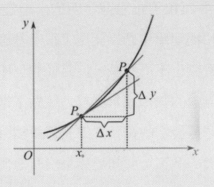

33

微積分基礎的完善

　　自從十七世紀微積分發明以來，科學研究在它的作用下迸發出嶄新的活力。數學家和物理學家利用這強大的數學工具，處理了很多從前無法解決的問題，把科技向前推進了一大步。

　　但這時的數學家們對微積分還半信半疑：微積分理論沒有得到嚴格的證明，基礎還不完善。

　　就像蓋樓房一樣，如果地基出了問題，整個樓房的品質就無法保證，同樣，儘管微積分這幢大樓改得再精妙、高大、美輪美奐，如果基礎不牢固，也是不能使用的。

　　微積分中最讓數學家們感到困擾的是「無窮小量」這樣模糊的詞語。在計算微分的時候，常常會引入一個無窮小量，這個無窮小量到底是不是 0 引起了數學家們的思考。

　　如果不是 0，為什麼可以隨隨便便地引入或者消去；如果是 0，為什麼在求導數的時候，無窮小量又可以做分母。這些問題給十八世紀的數學家們巨大的心裡陰影，甚至一些專門研究哲學的人嘲笑「無窮小量」是「死去的幽靈」——幽靈本來就是死去的產物，是不能死的。

這種對微積分的不安引發了數學史上第二次危機。

為了解決無窮小量的問題，拉格朗日、波爾查諾和泰勒等數學家紛紛用自己的研究成果來解釋微積分是合理的，不過他們的工作只是想辦法避開無法解釋的數學現象而選擇了另外一條路，並沒有正視無窮小量的存在。

直到十九世紀二〇年代，法國數學家柯西在《分析教程》和《無窮小計算講義》中才給出無窮小的數學定義：無窮小不是 0，也不是某個數字，無窮小是一種數的連續運動狀態，這種運動最後會無窮趨近於 0，或者是一組包含這無窮個數字的數列，這列數越到後面越接近 0。

為了說明什麼是無窮小，柯西發明了一種方法：無窮小就是不管你找到一個多小的具體數字，哪怕是 0.000001，都能在這組數列中找到一個數，從這個數開始後面的所有數都小於 0.000001。

看似微積分已經完善了，但西元一八七四年，德國數學家魏爾斯特拉斯做出了一個奇怪的函數，這個如果按照常規的微積分來做，這個函數可以做成一條連續的曲線，但它不能微分（我們可以按照萊布尼茲的觀點，即可以做切線），而當時所有的數學家都認為，連續曲線的函數都能微分。

魏爾斯特拉斯的發現讓數學家們想到：如果無窮小是數字在運動中不斷接近 0，那麼怎麼保證它是連續變動的呢？或者說，怎麼保證與 0 靠近的位置都能用數字來表示呢？和柯西解決的問題相比，這個難度顯然更大了一些，因為在當時，實數的本質是什麼，有多少實數，實數在數軸上分布的多緊密，這些問題都沒有得到解決。

十九世紀七〇年代，魏爾斯特拉斯、戴德金和康托爾等數學家分別就實數問題進行了深入的研究。

他們先後給出了六個描述實數的基本定理，從不同角度闡述了實數的本質，後來的數學家們發現，這六個基本定理可以互相論證，也就是說，他們的定理都是正確的。

直至今日，六個實數基本定理還做為分析學的基本功被每個學習數學的人練習著。

在探究和完善微積分的道路上，數學家們拿著微積分的工具嘗試著證明微積分的合理性。

從微積分誕生到之後的一百多年裡，數學家們才在這個迷宮裡找到了微積分的基礎：從實數到極限最後再到微積分。

至此，世界各地的數學家、物理學家和學生們才高枕無憂地使用這個有著前所未有強大功能的工具。

微積分理論的完善告誡所有嘗試發表新發現的數學家們，新的理論不是隨便一想就可以，或者看起來差不多就行了，一定要有完善的理論基礎，同時也要符合邏輯。

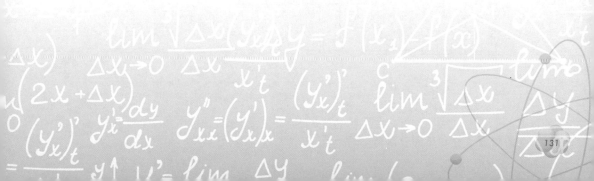

萊布尼茲在求曲邊梯形面積的時候引入了積分。為了求函數 y=f（x）在 a 到 b 上與 x 軸圍成的曲邊梯形面積，他把 a 到 b 平均分成了若干份，每一份與函數圍成一個小矩形，這些矩形面積加在一起大約等於曲邊梯形的面積，如果份數越來越多，矩形面積之和就越來越接近曲邊梯形的面積，最終與之相等。

　　積分符號用 $\int_a^b f（x）dx$ 表示，代表了所有矩形面積之和，即 y=f（x）在 a 到 b 上與 x 軸圍成的面積。

　　此外，萊布尼茲和牛頓分別獨立發現了積分於微分的關係：（不定）積分和微分互為逆運算，這就是我們現在使用的牛頓——萊布尼茲公式。

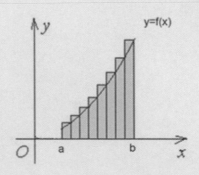

34

威力巨大的微分方程

　　我們考慮這樣一個問題，在平直的道路上，一輛車正在減速行駛，如果它行駛的路程的數值和速度數值相加等於一百，那麼這輛車的速度和時間的關係是什麼？如果按照牛頓的處理方式，就是利用微分方程。微分方程和微積分幾乎同時誕生，因為微分方程在處理物理問題上的強大功能，所以長久以來一直和微積分處於同等的研究地位。

　　在牛頓發明微積分之後，他就迫不及待地用微分方程來嘗試他在物理上的新發現：只考慮一顆行星圍繞太陽運動，太陽和行星之間有引力作用，迫使行星圍繞著太陽運動，這個力的大小和太陽行星之間的距離，以及行星的速度有關（如果你不相信，可以拉著一根綁著重物的繩子，以手為圓心掄起來，感受一下重物的拉力）。他很順利地建立了一個三個未知量的二階方程組，這裡所謂的「二階」可以認為是求了兩次微分，最終解決了這個問題，而物理史上的重大發現──萬有引力定律，也隨之誕生了。

　　牛頓的微分方程和萬有引力便於理解，於是很快地變成了天文學家們尋找行星的利器。在當時的年代，太陽系中已經發現了從水星、金

星到天王星七顆行星，英國和法國的天文學家們都希望能找到第八顆行星。西元一八三四年，英國著名數學家、天文學家約翰‧柯西‧亞當斯發現天王星的運行軌道很奇怪，如果只考慮太陽和其他行星對它的引力影響，經過微分方程的計算，天王星的軌道一定是小一些，但實際上，天王星總是不由自主地向外偏，這就意味著，在天王星周邊一定有另外一顆行星在拉著它。

真正的尋找競賽是從英國的約翰‧赫歇爾、他的同胞詹姆斯‧查理士和法國的勒威耶、當時還是學生的達赫斯特之間展開的，兩組數學家和天文學家們幾乎同時進行計算和觀測，發現了天王星之外的行星——海王星。而根據天文學家考證，勒威耶和達赫斯特是最先發現並確定海王星的團隊。

微分方程的作用不僅僅在於尋找新的行星上，從物體運動到熱量傳輸，從結構力學到電磁學，幾乎每個物理學的實際問題都要利用到微分方程，微分方程也因此成為物理學家必須具備的技能。

只列出微分方程是沒有意義的，數學家們還需要找到方程的解。隨著科學研究程度的加深，出現了越來越多的形態各異的微分方程，剛開始數學家們還能找到通解，也就是所有的解，但後來發現越來越力不從心，只能去尋找方程的特解——部分的解，甚至到後來連特解也找不到，開始研究哪些方程能找到解。如今，尋找微分方程的解，研究有沒有解也成為了數學中一個重要的研究課題。

很多人認為，沒有解的微分方程就不要研究了，應該把精力投入可以解出來的方程。實際上，很多現在無解的微分方程不見得以後就解不

出來，即便是已經證明不可解的方程，在研究過程中，數學家們也創造了很多深刻的概念，發明很多有用的方法，並且把這些成果用在了其他數學學科中。

　　微分方程是數學和物理學歷史上的首次合作。在古羅馬帝國統治的大多數時間裡，數學被當作巫術被長時間禁止，整個歐洲都重視實踐而輕理論，即便到了文藝復興時期，很多物理學家也對數學家們感到不屑，認為他們擺弄的不過是一些小玩意兒，而微分方程成功地扭轉了物理學家對數學的觀念，而當時的所有物理學家同時也是數學家，也充分了說明了這一點。

35

無窮多個數相加是多少

級數的發展

在《莊子·天下篇》中有這樣一句話：「一尺之棰，日取其半，萬世不竭。」意思是，一根一尺長的木棒，每天都取前一天的一半，總會有一半留下，永遠也取不完。

如果我們考慮把「萬世」取下來的木棒一點點接上去，會發現接好的木棒越來越長，但永遠也到不了原來的長度；古希臘時期芝諾的兔子追不上烏龜也是級數：芝諾只不過把兔子追上烏龜之前分成了無窮多份，然後相加，雖然份數多，但無論如何也達不到追上的那一刻。進而抽象地考慮，這無窮多個數加在一起產生的結果，就是數學中的級數。

類似於莊子的「截木棒」和芝諾的「追烏龜」問題結論很簡單：木棒會越來越接近原木棒長，而兔子和烏龜之間的距離也越來越小，這裡出現的無窮多份相加，最終得到的結果一定會趨近一個具體的值，這種級數稱為收斂級數；相反，如果最終結果不能趨近一個具體的值，這樣的級數被數學家稱為發散級數。

明確了這個概念，數學家們便致力於尋找哪些級數是收斂的，哪些是發散的。

目前為止，和其他數學問題相比，級數收斂和發散的判斷已經有了結論。

達朗貝爾、萊布尼茲和柯西等數學家們發明了很多方法。

其中，達朗貝爾的判斷方法是：只考慮正數的情況，在無窮多項中任意選擇相鄰兩項，用後一項除以前一項，又得到了新的無窮多項，如果這些項越來越接近小於 1 的數，則級數收斂；接近大於 1 的數，則級數發散。

數學家們總是在不斷挑戰自己，無窮多個數相加的級數已經完全研究清楚了，那麼無窮多個函數相加的級數是收斂還是發散的呢？

但這回數學家的研究方向完全相反：一個函數能不能拆成無窮多個有規律的多項式函數相加？如果把這些無窮多個多項式函數相加，得到的就是數學中的函數級數。

十七世紀，詹姆斯‧格里高利就已經開始研究無窮級數了，他得到了幾種函數的展開式。但是格里高利採用的方法是「神來之筆」，沒有什麼普遍性，不能解決一般函數。

直到西元一七一五年，布魯克‧泰勒利用微積分，構造出了一般函數展開成多項式函數的方法，因此多項式函數展開的級數又被稱為泰勒級數。

微積分的發展推動著級數理論的發展，而級數的成果也反哺微積分。眾所周知，微積分在開始創立的時候，理論並不完善，其中「無窮小」這個詞讓數學家們懊惱很久：無窮小到底是不是數，和 0 有什麼關係？

柯西在研究級數的時候發現，如果考慮這樣一組數 1、0.5、0.25、0.125……，這些數字越來越接近 0，也就是說它們是無窮趨近於 0 的，那麼無窮小就不是一個數，而是一組數，這組數和 0 的距離越來越接近。從這裡出發，柯西最終找到用來表示「無窮小」和「無限趨近」嚴謹的數學用語，創立了微積分的基礎——極限理論。

　　實際上，世界上最早研究級數的是十四世紀印度數學家馬德哈瓦。

　　根據歷史資料記載，馬德哈瓦在數列級數和函數級數上都有豐富的成果，得到了很多超越時代的結論，領先歐洲三百年之久。

　　但由於當時印度和其他國家交流不暢，所以這些成果並沒有流傳於世，直到十七世紀以後，歐洲數學家才把馬德哈瓦的成果又重新論證了一遍。

　　可見，在科學研究上「酒香還怕巷子深」，只有充分交流才不至於把成果掩埋在歷史的塵埃中。

　　簡單來說，級數即為無窮多項數字相加，對於級數 S ＝ 1+1+……+1+1+…… 我們可以很輕鬆地判斷 S 這個數字無限大；而對於 M ＝ 1-1+1-1+……-1+1-1+…… 這個級數，也可以發現它可以等於 0 或者 1。上述兩種級數都不能趨近於一個值，所以是發散級數，但如果考慮「截木棒」的級數 $N = \dfrac{1}{2} + \dfrac{1}{4} + \dfrac{1}{8} + \cdots + \dfrac{1}{2^n} + \cdots$，會發現它越來越接近 1，即這個級數是收斂的。

　　有很多級數的每一項越來越小，直觀看上去似乎是收斂的，但實際卻恰恰相反，例如調和級數：$N = 1 + \dfrac{1}{2} + \dfrac{1}{3} + \dfrac{1}{4} + \cdots + \dfrac{1}{n} + \cdots$，這個級數竟然是無限大的。

36

一根繃緊的弦如何振動

偏微分方程的發現

　　物理學家很早就觀察到，類似於小提琴、吉他和鋼琴這樣的絃樂器，都是靠著撥動或者撞擊琴弦，琴弦在產生高頻率振顫而發聲，樂器不同，弦不同，演奏的力度不同，產生的音色、音量和音調都不一樣。對工匠來說，他們只需要根據自己的經驗來製作樂器，但物理學家考慮得更深入，他們試圖找到琴弦振動的規律。

　　在微積分誕生之前，物理學家沒有能力去研究琴弦的振動，因為這個問題實在太困難了。

　　一根細長的弦兩端在琴上繃緊，弦內部就會產生拉力，這個拉力與弦上某點的位置 x 和時間 t 有關，也就是說，弦的位置 u 表示成一個關於 x 和 t 的函數 $u = u(x, t)$，每個點受到的拉力 F 也不同，拉力 F 也可以表示成關於 x 和 t 的函數 $F = F(x, t)$，而當時的物理學只能處理某些兩個引數的函數。

　　物理學家們明白這種問題應該向什麼方向探究，但受困於數學工具不完善，對弦振動問題也只是鞭長莫及。

　　直到數學家們提供了微積分的工具，弦振動問題的研究才有突破：

因為弦每個時刻振動的情況都不同，所以就可以把 x 當作常數，對 t 微分，這在數學中叫做偏導數。物理學家們偏導數建立了弦振動的方程，也就是偏微分方程了。

十八世紀，法國數學家達朗貝爾在研究弦振動過程後，撰寫了《論動力學》一書，在書中他第一次寫出了偏微分方程。但當時由於從外部環境到達朗貝爾本人並不重視這個剛出現的數學概念，所以當時並沒有多少人注意。直到西元一七四六年，達朗貝爾才又寫下了第二篇關於弦振動的論文，這才宣告偏微分方程的誕生。

弦振動問題固然很難，但至少是看得見的物理現象。出於對微積分理論的樂觀和信任，很多物理學家開始研究看不見的物理現象，比如熱傳播現象，而法國數學家傅立葉就是研究熱傳播的佼佼者。

傅立葉出生在法國中部，由於年幼時父母雙亡，不得不在教會的資助下學習。即便如此，他在數學和物理學上的天賦也日益顯現，後來被招入大學擔任助教。

戰場上的拿破崙。

一七九八年，傅立葉投筆從戎，成為當時法國皇帝拿破崙手下的一員驍勇戰將，得到了拿破崙的器重，甚至拿破崙還授予傅立葉貴族的稱號，任命他為伊澤爾省的行政長官。

　　由於傅立葉是拿破崙面前的紅人，數學家都顧及拿破崙的面子，因此一時間沒有人敢質疑傅立葉在數學和物理學上的權威，以致於當時拉格朗日、拉普拉斯和勒讓德等學術巨匠都不得不重視他的文章，竟然在論文沒有公開發表的情況下，把法國科學院大獎頒發給了傅立葉。儘管傅立葉的成功多少有一些拿破崙的幫助，但這絲毫不影響他成果的正確性和偉大。

　　最終，在一八二二年，已經成為法國科學院院士的傅立葉出版了專著《熱的解析理論》，不僅發展了歐拉等數學家的成果，而且發明了三角函數級數來解決熱傳導的偏微分方程，可以說這本書是十九世紀偏微分方程最重要的成果。

　　偏微分方程從物理研究中誕生，又使用了數學的工具，可見物理學和數學不分家，兩者有著千絲萬縷的聯繫。實際上，偏微分方程在某些課程中也叫數學物理方程，這也能說明偏微分方程具有數學和物理兩種血統。

　　如果只研究數學，不考慮它的物理意義，則研究很容易陷入形式主義，而反過來，如果只研究物理不研究數學，物理學就無法精確計算。至少對偏微分方程來說，兩者都是不可或缺的。

　　對只有一個引數的函數 y=f（x）微分，可以得到 dy=f′（x）dx，對有兩個或者以上引數的函數 z=f（x, y）來說，可以把其中一個引數看成常數，對另外一個進行微分，為了與符號「d」區別，數學家們採用符號「∂」表示，並稱它為偏微分，例如，對 z=f（x, y）中 x 微分，得到了 ∂z=f_x′（x, y）∂x。

　　偏微分方程正是採用偏微分表示的方程。同時，由於很多偏微分方程求解很困難，有些問題也沒有求解的必要，只需要得到一些特定的值，所以對很多偏微分方程來說，只需要求它的數值解即可，即當引數確定取值後，得到它的函數值。

37

對微積分的修補

實變函數

在函數中有一個連續的概念，簡言之，從圖像上看過去，這個函數的圖像是一個連續的曲線；微積分裡又有一個導數的概念，如果根據萊布尼茲的研究，同樣從圖像看過去，這個函數的圖像上某個點有切線。一直以來，人們都認為處處連續的函數處處可導，但德國數學家魏爾斯特拉斯構造了一個函數，竟然是處處連續且處處不可導。

魏爾斯特拉斯函數，從圖像上看過去，就好像股市中的蠟燭圖，曲線剛升上去，就要掉下來。這個函數的誕生讓很多數學家感到恐慌，誰也沒想到世界上還存在這樣的函數。而更大的問題在於計算這個函數圖像與 x 軸圍成的面積難以計算。按照當時的微積分理論，一個函數與 x 軸圍成的面積可以用這個函數的積分進行計算，但魏爾斯特拉斯函數無法進行積分運算，但這個函數確實與 x 圍成的面積。為了解決這個問題，法國數學家勒貝格嘗試著發明一種新的積分理論來解決魏爾斯特拉斯函數的積分問題。

西元一八七五年，勒貝格出生在一個印刷廠職工的家庭中，由於父親的工作是和書籍打交道，年少的勒貝格也對知識產生了濃厚的興趣。

儘管父親早逝，但學校老師對這個勤奮的學生不離不棄，最後終於在巴黎完成國中學業，考入法國數學的中心——巴黎高等師範學校。

勒貝格認為，魏爾斯特拉斯函數之所以不能積分，是因為數學家沒有搞清楚什麼是長度、面積和體積。雖然對於繩子、圖形和空間體，長度、面積和體積這些幾何度量很好理解，但這些畢竟是現實世界中存在的物體，直觀上有數量可以衡量；數學上的曲線、面積就不一樣，這些都是由數學公式描述的，現實世界中不存在著這樣的物體，所以直觀上沒辦法找到數量衡量。正巧這時，勒貝格的大學老師波賴爾出版了重新討論面積的《函數論講義》，波賴爾把長度、面積和體積等幾何度量都歸納成一個數學物件——測度，給了勒貝格信心，他決定沿著這條路走下去。

一九〇二年，擔任數學教師的勒貝格繼續攻讀博士學位，他發表了名為《積分、長度和面積》的博士論文，在這裡對類似於魏爾斯特拉斯這樣的函數進行積分的方法，數學上也被命名為勒貝格積分，從而開創了研究一般函數的極限、可微性和積分等特點的學科——實變函數，或者實分析。

那麼勒貝格積分和微積分中的積分有什麼區別呢？站在勒貝格積分的角度來看，微積分中的積分（又稱為黎曼積分）是它的一種特殊的情況，勒貝格積分包括黎曼積分，舉個簡單的例子，勒貝格積分和黎曼積分，就像猴子和獼猴，是包含的關係。

實變函數建立的年代，科學家們對學科的探索和研究時的態度有了很大進步，數學家明確了現在的理論都是不完善的，很有可能在未來的

某一天遇到了不能使用的情況，這時就需要提前找到一個新的理論。新的理論不能推翻過去的結果，還要比過去成果的使用範圍廣，包含進去。正如物理學家發現兩個物體之間的萬有引力公式和點電荷之間相互作用力——庫侖定律公式形式上相同，於是尋找統一場理論一樣。

TIP 8

　　一般的積分，即黎曼積分是把函數的引數分成若干份，構造矩形求和；勒貝格積分正好相反，它把函數的因變數分成若干份，構造矩形求和。按照勒貝格的方法，矩形的高（橫向看）即為滿足此函數值的所有的引數範圍，對狄利克雷函數來說，積分就可以變成求兩個矩形的面積：一個矩形的高是所有無理數，測度是無窮大，底是 0，因此這個矩形的面積為 0；另一個矩形的高是所有有理數，測度是 0，底是 1，這個矩形的面積也為 0，所以對狄利克雷積分等於 0，而這個在黎曼積分中是無法求解的。

38

複數也能做變數

複變函數的誕生

　　我們平時會接觸到很多函數，比如速度是每秒 10 米，時間 x 和路程 y 的關係：y ＝ 10x；如果每個小組有五個人，那麼小組組數 x 和總人數 y 的關係是：y ＝ 5x。這些函數的變數 x 和 y 的取值都是普通的實數，也就是勒貝格研究的實數為變數的函數——實變函數，或者複分析。既然複數是包含實數的更廣闊的概念，那麼把複數做為變數寫出的函數就是複變函數。

　　數學家對複變函數的探索和複數完全不同。複數是人類被動發現的，因為方程出現了不能解的部分，所以為了得到形式上的解，就必須定義複數的概念。長久以來，數學家們沒有認識到複數的作用，直到複變函數的誕生。

　　十八世紀，法國數學家達朗貝爾在研究流體力學時，發現流體，也就是氣體和液體的受力情況和固體不同。固體水準方向的力和豎直方向的力相互不影響，所以受力時只需單獨考慮水準或者數值就可以；但流體可以流動，在水準上受到的力會對豎直方向上產生影響，所以不能單獨考慮一個方向，這時他發現，一個複數中有兩個實數，能同時表示水

準方向和豎直方向。就這樣，複變函數做為流體力學的副產品被發明出來。

在科學研究中有一個重要的方法叫類比推理。如果兩個物件有部分屬性相同，那麼它們其他屬性也有相同的推理。因為實變函數上有可微分的概念，所以數學家們認為在複變函數中也有可微分的概念。數學家們把在某一集合中處處可微分的函數叫做解析函數，或者全純函數，如果只有某些孤立的點不能微分，這樣的函數叫做亞純函數。整個複變函數理論都是

達朗貝爾。

建立在解析函數和亞純函數上的，就好像實分析中微積分建立在處處可微或者只有若干點不可微函數上。

那麼複變函數中有沒有類似在實分析中魏爾斯特拉斯找到的處處連續處處不可微的函數呢？這些函數有什麼特點，如果研究下去，會不會像勒貝格一樣開創一個新的數學學科呢？數學家早就考慮過這樣的問題了，而相關的研究一直在進行當中。

在複變函數誕生的初期，達朗貝爾、歐拉和拉普拉斯都有著很大的貢獻，複變函數成果斐然，受到了很多數學家的重視，以致於整個十九世紀，複變函數的研究統治了整個數學界。物理學家們非常重視複變函數，只要研究空間問題，而且空間中每個方向互相影響，就要使用複變函數，不僅包括流體力學，還有場論，凝聚態物理、微電子學等學科。

風水輪流轉，複變函數經過一百多年的研究，已經從數學研究首位

退居成次位了，現在最傑出的數學家們更願意去研究代數幾何這樣的艱深的學科，甚至都不好意思說自己是研究複分析的。和偏微分方程一樣，複變函數和物理結合非常緊密，以致於每個物理學家都要成為複變函數的專家。儘管複變函數已經「失寵」於數學家，但物理學家還會研究下去，如果有一天，物理學家使用複變函數時出現了無法處理的問題，數學家一定會重新重視起來。

— TIP 8 —

複變函數和普通函數一樣有微分的概念，如果一個複變函數可以在 z ＝ a+bi 處求導，就稱為這個函數在 z 處解析，如果在定義域內都解析，那麼這個函數就稱為解析函數。實際上，複變函數引數在很多數上都不能解析，這些不能解析的點被稱為奇點，在圖像中可以很容易地表示出來。

從圖像上我們可以看出 z ＝ 3+i 時這個複變函數的奇點，即複變函數在 z ＝ 3+i 上不解析。而函數在其他點都變化地很平滑，即在其他點解析。

虛軸

實軸

39

始創於最速降線

變分法的出現

西元一六三〇年，偉大的物理學家伽利略提出這樣一個問題：在起點高度和終點高度都相同的位置放置兩個軌道，一條是直線，一條是曲線，兩個完全相同的小球同時從起點滾下來，哪個小球先到達終點。因為兩點之間的直線只有一條，但曲線卻又無數條，沿著曲線下落的時間也不是唯一的。伽利略認為，最快的線應該是某個圓上的一段弧或者拋物線的一段。

不過這個猜測很快就被推翻了，物理學家惠更斯在十七歲的時候透過做實驗發現，伽利略的答案是錯誤的，但他也不知道答案是什麼。

一六九六年，瑞士數學家約翰·伯努利獨立地解決了這個問題，並且向歐洲其他知名的數學家發起了挑戰。在當時，很多數學問題都是已知函數求最大值或最小值，但這個問題別出心裁，是

伽利略向威尼斯大侯爵介紹如何使用望遠鏡。

給出某些條件，求滿足條件的函數，這讓當時所有的數學家都很有興趣，在使用了微積分的工具後，牛頓、萊布尼茲和洛必達們如虎添翼，紛紛解決了這個問題。最快的路徑應該是旋輪線。

那麼，什麼是旋輪線呢？簡單來說，如果在汽車的輪子上取一個點，那麼在汽車行駛的時候，這點在空間中劃過的軌跡就是旋輪線。在探究最速降線和研究旋輪線的過程中，數學家們創造出了變分法。普通分析學是在已知函數的條件下，研究函數的引數和因變數的特徵。而變分法和它引申出來的變分學則是把函數本身做為變數進行研究。

變分法中最重要的一個定理就是歐拉——拉格朗日方程。這個定理形式上很複雜，但理解起來並不難。以約翰・伯努利找到最速降線的方法為例，他認為小球之所以能最快地下落，是因為在每個點上，小球都朝著最快釋放能量的角度變化，如果小球的速度向下，那麼向下的方向就是最快釋放能量的方向；但如果小球速度並不是向下的，那麼它在每個時刻的速度方向和豎直向下的方向就有著某種關係，這些關係可以用微積分的求導和積分來表示。

歐拉——拉格朗日方程誕生後，變分法廣泛應用在了物理學中，儘管這個這個定理有一些小問題，但數學家和物理學家還是樂此不疲地使用它解決和判斷問題，例如材料力學、結構力學等，因為自然界中的大多數規律都是按照節省能量或者最耗費能量的方向轉化，符合變分法的研究特點，所以在氣象的研究中也可以使用變分法。

十九世紀後，數學家們越來越不滿足研究特定函數的問題，他們更希望以所有函數為研究對象，在這種情況下，變分法發展地越來越快。

在二十世紀初的國際數學家大會上，希爾伯特提出了二十三個重要的數學問題，其中就有三個涉及到變分法，可見那時變分法的重要程度。在二十世紀以後，變分法和其他數學學科也發生了密切的關係，美國數學家莫爾斯創立了使用拓撲學研究變分法的大範圍變分法。

微積分是透過函數來研究變數，如果把這個思維反過來，透過變數來研究函數，就是變分法了。在遊戲開發領域，我們看到角色都是在遊戲世界的畫面中行走，實際上是採用角色不動，移動遊戲世界的卡馬克捲軸演算法。在很多科學研究和實踐中，很多相反的思維都可以得到不一樣的結果，這種反向思維不僅給我們提供了一個解決問題的方式，也能產生更多意想不到的成果。

TIP 8

如果在平面上確定兩點，則兩點之間的連線有無窮多條，對它們的研究即為變分法。如果一個物體從一點到另外一個點，就需要考慮兩點之間的路徑，在下圖中我們會發現，下一條線明顯短於上一條線，而它們都不是最短的，因為兩點之間的直線最短。但如果加上其他條件，直線可能就不是最佳路徑了。

40

泛函分析的誕生

在人類進入二十世紀後，數學家審視幾百年來數學進展的時候發現，數學已經發生了翻天覆地的變化，一方面，代數學、幾何學和分析學形成三足鼎立，獨立地發展出了很多子學科和方法，而另外一方面，這些學科和方法似乎蘊含著有共同的特點。

以代數中簡單的運算 $3 \times 5 = 15$ 為例，實際上是一個數字集合中的元素 3，經過了某個規則（乘以 5）的映射到另外一個集合的元素 15 上；在拓撲學中，一塊正方體的黏土可以在不撕裂的前提下，被搓成球形、長條或者其他形狀，如果抽象出其中的規律，可以認為正方體的黏土經過了某種映射（變化），變成另外一個集合中的元素；在分析學中，映射的例子更是比比皆是。當時，數學家們已經明確了數學的基礎是集合，那麼剩下的問題就是研究這些在每個數學學科中都存在的映射，如果映射是作用在數學研究物件形成的集合上，就叫做函數。數學家給自己明確了新的任務：研究這些在各種數學上都使用的函數的特點，這樣一個新的分析學門類——泛函分析就誕生了。

泛函分析研究的函數實在太多了，數學家們不得不把這些函數根據

已知的特徵進行分類：例如可微的函數分成一個集合，連續的函數又分為一個集合，可以積分的函數也分為一個集合，同時在這些集合上規定一個映射或者定義一個運算（可以理解成把集合中的元素，也就是這些函數做加減，或者積分求導等）。在數學中，在集合上規定了某些映射的叫做空間，在泛函分析中，類似歐幾里得空間、希爾伯特空間、奧利奇空間或者巴拿赫空間就是滿足某些特徵並且規定了某些運算的函數集合，而這個映射或者運算就是以函數做為變數的函數，在數學上也稱為運算元，比如數學上著名的拉普拉斯運算元，甚至對函數進行積分，也是一種運算元。

二十世紀初，弗列特荷姆和阿達馬開始把函數這個整體抽象出來進行研究，形成了一般的分析學，得到了很多研究分析學的數學家的重視。到了二十世紀三〇年代，泛函分析終於誕生。現在，泛函分析已經成為分析學的尖端問題，並且與數學其他問題緊密結合，獲得了很多成果。同時，做為近代物理學的理論基礎——量子力學，也使用了很多泛函分析的結論和研究方法。

從人類最開始無意識地使用函數，到人類逐漸認識到函數的概念，並有意識地使用；從牛頓和萊布尼茲把微積分的形式傳播整個歐洲，到函數的引數和因變數都用複數表示的複變函數；從勒貝格嘗試彌補微積分的缺陷發明的實分析，到所有函數整體的特徵的泛函分析，數學家們研究的物件越來越高深，也越來越抽象，適用的範圍也越廣泛。

面對著光怪陸離的世界，好奇的人類總是想掌握各式各樣的規律，而數學就是人類最有力的工具。

從分析學的發展史來看，泛函分析已經是分析學中最高層次的分析學工具了，但我們有理由相信，隨著數學的進一步發展，一定會出現比泛函分析更高層次的數學門類。

TIP 8

在泛函分析中，簡單的例子是多項式函數空間。任何一個多項式函數 $f(x)=a_n x^n+a_{(n-1)}x^{(n-1)}+...a_1 x+a_0$ 經過求導的運算仍然為多項式函數，如果把所有多項式函數放在一起成為一個集合，那麼在集合中元素經過求導運算後仍然在這個集合中，在這裡，求導就是一個運算元，而這個集合和上面的運算元合在一起就叫做多項式空間。

第五章

幾何學與拓撲學的發展

41

「以算代證」證明命題
解析幾何的誕生

　　古希臘時期，歐幾里得幾何發展迅速，曾經一度被認為是最優美，也是最嚴謹的數學。一方面，歐氏幾何符合邏輯，從公理和公設能推導出讓人信服的定理和結論，另外一方面，歐氏幾何用簡單的語言就可以解釋生活中很多問題，在當時的工程學上得到廣泛的應用。

　　但從解題的角度來說，歐氏幾何有一個明顯的缺點，由於它太注重邏輯性了，以致於很多很難的問題沒有普遍適用的方法，只能透過特殊的方式一步步得到解答，走錯一個方向有可能導致全盤皆輸；而在證明的過程中，解題者很難一開始就知道該從哪個條件入手，在每一個分岔口找到正確的路徑，就好像一個人在迷宮中行走，擺在他前面的有很多條路，其中只有一條是正確的，即便他幸運勉強選對了路，等待他的將是下一個有很多分支的路口，而在一道題中會出現很多這樣的路口。

　　在笛卡兒創立了平面直角座標系之後，歐氏幾何中的問題才有了普遍的解法。由於歐氏幾何中的圖形都是由點來表示的，如果在這些點所在的平面上再建立了座標系，每個點就可以用一對數來表示，也就是座標。如果這些座標都滿足某個代數式，平面圖形就和代數式完全等價了。

例如直線就可以表示為 ax+by+c ＝ 0 的形式，而圓也可以表示為（x-a）2+（y-b）2=r2 這樣的形式。這樣，幾何的證明問題就可以轉化成代數的計算進行處理了，也就是用解析的方法來處理幾何問題，這在數學上叫做解析幾何。

幾何圖形在視覺上很直觀，但在內在的邏輯卻不那麼容易看出來；如果把圖形轉化成代數式的形式，就可以利用固有的公式「以算代證」。比如要證明一個點在已知直線上，只需要計算這個點能代入直線的方程。而在歐氏幾何證明中，則需要先假設這點不在直線上，找到矛盾的反證法，或者證明在點另外一條直線上，而這兩條直線重合的同一法，過程相當繁瑣。儘管解析幾何的證明看起來並不是那麼漂亮，也不如歐氏幾何證明的過程那麼重視邏輯性，展現數學之美，但對於很多平面幾何難題都是卓有成效的。

在古希臘末期，阿波羅尼奧斯撰寫了《圓錐曲線論》，在書中他提到了很多關於橢圓、雙曲線和拋物線的公理，幾乎把歐式幾何證明的方法用到了極致，儘管過去了兩千年，後人仍然無法對書中的內容進行補充，而在笛卡兒之後，數學家們才把圓錐曲線的研究推進了一步，而採用的方法正是解析幾何。

解析幾何是人類首次把幾何圖形和代數式聯繫在一起，人們不僅獲得了簡便的證明方法，同時也意識到了在某種意義上，數學的每個學科都是相通的；解析幾何的研究促使數學家把目光投向變數和函數，也成為微積分學誕生的催化劑。誠然，解析幾何在證明中的作用要遠遠強於歐氏幾何證明，但不可否認的是，歐氏幾何證明在培養人邏輯思維能力、觀察能力和想像能力等方面有著解析幾何望其項背的作用，而這些作用

對數學的研究都是非常重要的。如果沒有平面幾何良好的功底,即便解析幾何使用得再熟練,也會吃虧。牛頓在讀書的時候,就曾經嫌棄歐氏幾何證明繁瑣,沒有解析幾何方便,便放棄了歐氏幾何的學習而鑽研笛卡兒的著作,最終以幾何基礎薄弱達不到考核的要求,而失去了評獎學金的資格。

TIP 8

研究直線的方程有助於我們理解解析幾何。在平面直角座標系中,過 $(0,1)$ 和 $(-0.5,0)$ 兩點做出一條直線,這條直線不僅通過這兩點,而且也通過無窮多個點,雖然這些點的座標都不同,但它們都符合方程 $y = 2x+1$,即上面的點座標都可以代入這個方程,這樣,對直線的研究就可以轉化成對 $y = 2x+1$ 進行研究,比如於這條直線平行的直線,都滿足 $y = 2x+b$ 這個形式,即 x 的係數相等;而與這條直線垂直的直線都滿足 $y = -0.5x+b$,即兩條直線 x 的係數相乘等於 -1。

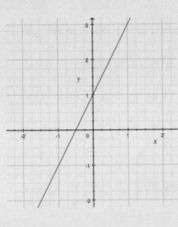

42

可以變形的圖形
仿射幾何

　　儘管圓形和橢圓形是兩種不同的圖形，看起來卻很相似。實際上在某種幾何中，這兩個圖形沒有區別，而這種幾何叫做仿射幾何。

　　想要理解什麼是仿射幾何，先要瞭解什麼是仿射變換。仿射變換，就是對一個圖形進行平移、縮放、旋轉、翻轉和錯切。平移是把一個圖形從一個位置移動到另外一個位置，縮放是圖形在某個方向上拉伸或壓縮，旋轉是圖形繞著某個點進行轉動，翻轉是圖形按照某條直線翻過去，錯切是圖形以其中某條線不變動的方式變形。

　　在仿射變化下，圓可以放大也可以縮小，可以橫向拉伸變成橢圓；正方形可以拉成矩形，矩形可以錯切成平行四邊形。如果考慮一束光線投射過來，改變光線的角度就可以改變影子的形狀，而圓對應的影子可以是圓本身，也可以是橢圓；正方形的影子可以是矩形，也可以是平行四邊形。在仿射幾何中，能透過仿射變化變形的圖形都可以看成是相同的。

　　和歐氏幾何不同，在仿射幾何中並沒有長度和角度的概念。線段在仿射變換中被拉伸或壓縮，已經無法表示之前的長度，而角度在錯切中

也發生了變化，也已經無法表示之前的角度，正方形有四個角是直角，而普通的平行四邊形一個直角都沒有，但在仿射幾何中它們卻是同一個圖形。

雖然仿射幾何失去了很多歐氏幾何的特徵，但它在幾何證明上的簡潔是不可替代的。由於仿射變化中的某些性質，比如線段比例仍然適用，所以在證明類似於線段中點的時候可以選擇最簡便的圖形證明，這樣所有仿射變換後的圖形也都具有這樣的性質。

仿射幾何是數學學科中的一朵奇葩，在數學發展中，它發揮了至關重要的作用，在仿射幾何誕生之後，各式各樣的變換下的幾何學層出不窮，一時讓數學家感到難以適從。但西元一八七二年發生的一件事情，讓數學家們對仿射幾何學失去了興趣，仿射幾何的研究也在這一年畫上了句號。

菲利克斯·克萊因是德國數學家，他在波恩大學學習期間，對數學和物理學非常感興趣，考慮再三後，決定以物理研究為職業。他的數學老師普律克發現，這個未成年的小伙子雖然年紀很輕，但卻有很高的數學天賦，經過再三勸說，克萊因才決定由物理轉為數學。一八六八年，年僅十九歲的克萊因在普律克的指導下完成了博士論文。

一八七二年，克萊因被埃爾朗根大學聘為大學教授。在歐洲的教育體系中，一個大學在某領域只能有一名教授，所以這個職位是非常難得的，就職儀式也盛大而隆重，除了各種必要的儀式外，受聘的科學家也要為大家做公開演講。為了這個就職儀式和演講，克萊因準備了很長時間，而埃爾朗根大學的教員和學生們也翹首以盼。

克萊因沒有辜負所有人期盼，只有二十三歲的他做了題為《關於近代幾何研究的比較考察》的演講。在演講中，克萊因提到，近年來出現的各種幾何其實都是在某些變換方式下產生的，而幾何可以定義為在某些變換下不變的性質。這種觀點在當時引起了軒然大波，從此以後，數學家們就放棄了各種變化下幾何學的研究，轉到對變換群（群可以理解成一種集合）的研究中。這在歷史上被稱為《埃爾朗根綱領》。

在現代的數學研究中，仿射幾何的知識已經沒有研究的意義，甚至它早就從大學數學系的課本中消失了。我們偶然能從某些師範大學數學系的課程中才能找到它，因為在數學思維的培養上，仿射幾何還有一定的價值。

TIP 8

仿射幾何在影像處理中有廣泛的用途，例如監視交通狀況的監視器，會隨著拍攝車輛行駛狀況，同時把車牌號碼拍下來進行自動識別。從正面看起來，因為車牌的數字和字母都是標準的寫法，所以識別起來並不困難，但如果車牌並沒有正對著監視器，數字就不那麼容易識別了，這時就可以使用仿射幾何中的變換，轉化成易於識別的字母和數字。

43

用微積分來解決幾何問題
微分幾何的誕生

　　十八世紀末期是法國最動盪的年代，讓法國的科學家們無所適從，就連發現氧氣的化學家拉瓦錫也被送上斷頭臺。不過他的朋友，數學家加斯帕爾‧蒙日的運氣好一些，僥倖保全了性命，也保全了他在晚年開創的微分幾何學。

　　雖然蒙日的父親只是一個小商販，但他對子女的教育很重視，所以幾個子女都接受了良好的教育，蒙日也很爭氣，經常獲得學校的嘉獎，也漸漸顯露出他在幾何上的才華。十四歲的時候，蒙日利用幾何知識為他居住的小鎮發明了滅火機，機器精密的構造都來自於他自己的構思，這讓整個城鎮的居民很驚訝，大家都認為蒙日以後一定會成為一位優秀的幾何學家和工程師。

蒙日。

　　十六歲的時候，蒙日自己製作了測繪工具，測量並繪製了他居住小鎮的地圖。學校老師看到蒙日繪製的地圖很精確，肯定了他的天才和遠超過自己同齡人的水準，於是把他推薦到里昂的學校擔任物理老師。

在一次從里昂回家探親的路上，蒙日遇到了一位軍官，這位軍官聽說了蒙日高超的幾何水準和動手能力，把他推薦給梅濟耶爾皇家軍事工程學院學習。

在論資排輩重視出身的工程學院裡，蒙日並沒有得到重視，他得不到任何軍校學生正常的待遇，只能做一些設計的工作。在常人看起來這是不公平的，但蒙日卻不在乎，只要能研究他鍾愛的幾何學和測量學，他就心滿意足了。

在一次設計防禦工事的設計中，蒙日完成了他一生中第一個偉大的貢獻——創造了畫法幾何。在畫法幾何誕生之前，如果要在平面上畫出立體圖形，並且看出每條邊的長度是一件非常困難的事情，蒙日把立體圖形投影在下底面，後平面和側面，分別做出平面圖形，成功地解決了建築設計中計算繁瑣、圖形不直觀的問題，而這種方法也成為工程學院中的軍事機密，被要求不能洩漏出去。

蒙日憑藉他的畫法幾何平步青雲，最後竟然坐到了海軍部長的位置。儘管身居高位，蒙日並沒有任何官架子，就算對方是一個基層的炮兵軍官，蒙日也禮賢下士、關懷備至。當法國皇帝路易十六被送上斷頭臺，法國動盪不安的時候，舊

路易十六被處死。

王國的官員都受到審判，但蒙自卻沒有受到任何牽連，因為他當年接見的炮兵軍官正是現在的法國皇帝拿破崙。

在拿破崙的幫助下，蒙日又恢復了他的教職甚至擔任了更高的職位，他把微積分和幾何學結合，創立了微分幾何，這也是蒙日第二個偉大的貢獻。

西元一八〇七年，蒙日出版了世界上第一本微分幾何專著《分析在幾何學上的應用》，引起歐洲很多數學家的重視。高斯按照他的研究下去，對蒙日的成果進行補充和完善，最後形成了現在我們學習的微分幾何基礎。

經過大約一百年的發展，微分幾何已經把微積分和歐幾里得空間幾何學結合到了極致，在數學上也稱為古典微分幾何。現代微分幾何主要研究更一般的空間——流形，所謂流形可以用地球來舉例子：雖然地球表面是球面，但在地表取一小塊，可以近似看成平面，這小塊保持了平面的性質，和地球表面截然不同，就可以稱為流形，而我們熟悉的廣義相對論就是在這個理論的基礎上建立起來的。

蒙日和他的微分幾何都出生在法國最動盪的年代，雖然可謂是生不逢時，但至少在幾乎沒有阻礙的環境下誕生，這一切源自於蒙日平易近人的性格和他不倨不傲的性格。儘管拿破崙經常批評這個昔日的上司，儘管蒙日手下的學生總是集會遊行公開反對拿破崙，但這絲毫沒有影響他和拿破崙之間的友誼。究其原因，正是蒙日在身居高位時對拿破崙的友好和真誠的態度，讓拿破崙終身難忘，才成就了日後拿破崙對他的信任和保護，同時也保護了微分幾何。

在微分幾何中，曲率是一個非常重要的概念。在歐幾里得空間中，在一條曲線的兩個臨近的點各做一條切線，切線之間的夾角 α 與兩點間弧長 ΔS 的比值就可以描述曲線在兩點之間的曲率。當這兩點無窮趨近成一個點的時候，就可以定義這點的曲率 $\lim_{\Delta S \to 0} \dfrac{\alpha}{\Delta S}$。

曲率的應用非常廣泛。在 adobe 公司開發的 photoshop、flash 等很多軟體中的鋼筆工具，就是根據曲率公式的演算法進行開發的。根據相對論我們知道，宇宙中最快的速度是光速，而這個速度只能不斷接近而無法達到，即便是人類的航空器達到了這個速度，要去幾千甚至上萬光年外也是不可能的事情，而物理學家正在廣義相對論框架下，研究航空器曲率驅動，這很有可能是人類實現外太空旅行的唯一方式。

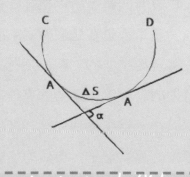

44

用代數研究幾何

代數幾何的歷史

如果分析的方法可以研究幾何，那麼代數學也能和幾何結合，這就是現在數學中最熱門，也是最有挑戰性的研究方向——代數幾何。

所謂代數幾何，從字面上理解，是用代數的方法來研究幾何，即在各種空間中，研究滿足某個方程組的曲線或者曲面，也叫代數簇的共同的幾何特徵，這就是黎曼等數學家研究的古典代數幾何。隨著代數學的發展，代數幾何的研究方法也發生很大的變化，以致於現在它還有頑強的生命力，仍然被數學家們寵愛。在這裡，德裔數學家格羅滕迪克有著不朽的功績。

西元一九二八年格羅滕迪克出生在德國一個猶太人家庭，由於父親是一位革命者，到處流亡沒有國籍，所以格羅滕迪克也是無國籍人士。格羅滕迪克年少的時候，基本都是在逃避戰亂中度過，經常是家人剛剛團聚，就要面臨分離，甚至後來他的父親也死在了納粹的奧斯維辛集中營。第二次世界大戰時期的苦難給格羅滕迪克很大的打擊，也影響著他的人生軌跡。大學畢業以後，格羅滕迪克因其高超的數學水準被老師推薦給在巴黎高等師範學校的嘉當父子。自負的格羅滕迪克在世界數學中

心之一——巴黎高等師範學校——参加了數學討論班後備受打擊，於是轉到南錫碰碰運氣。在這裡他做出了格羅滕迪克——黎曼——羅赫定理，這是代數幾何中一個重要的定理，把代數幾何的研究物件代數簇推廣到更廣闊的範圍，從此奠定了他在代數幾何上的地位。

一九六六年，格羅滕迪克獲得了數學界最高獎——菲爾茲獎。在此之後，他的成果給予很多數學家啟發，幾乎所有的代數幾何學家都沿著他的軌跡，從韋伊猜想的證明，到莫德爾猜想的解決，再到費馬大定理的證明，幾乎二十世紀後半葉的數學進展都依賴格羅滕迪克在代數幾何上的貢獻，而他的貢獻也成為現代代數幾何的基礎。

儘管格羅滕迪克有著豐碩的研究成果，但他沒有任何國家的國籍，也找不到工作，即使在法國只要加入海外雇傭軍團就可以獲得法國籍，但格羅滕迪克憎恨戰爭，他拒絕透過入伍的方式歸化法國，只能輾轉在幾個國家的大學教書。

由於年少時的慘痛經歷，格羅滕迪克成為一個激進的反戰者，一點點和戰爭搭邊的事情都讓他覺得反感。在越南戰爭期間，他深入越南的原始叢林中講授數學；聽說工作的研究所受到軍事組織——北大西洋公約贊助，他憤然辭職；他拒絕被授予克拉福德獎，只因為獲獎的成果用到了軍事上；甚至在開會的時候，有的數學家提到了用數學計算導彈軌道，格羅滕迪克會跑到臺上把演講者的麥克風扯下來。

格羅滕迪克的成就可以讓他成為在世最偉大的數學家，他甚至被尊稱為代數幾何教皇。可惜的是，他在四十二歲的時候就無法忍受數學在軍事上的應用，停止了數學研究。

一九九〇年，格羅滕迪克甚至隱居在比利牛斯山，過著隱居的生活。在代數幾何的發展史中，除了格羅滕迪克以外，他的數學家前輩們黎曼、諾特、龐加萊都有著不朽的貢獻，到了二十世紀，韋伊和范德瓦爾登等數學家都為代數幾何開創了一個新局面，但客觀地說，在代數幾何上只有一個上帝，那就是格羅滕迪克。

TIPS

　　在代數幾何中，代數簇是一個非常重要的概念，我們可以採用解析幾何的方式來理解它。如果把四條直線：$y = 2x+1$，$y = -3x+1$，$y = 0.5x+1$ 和 $y = -0.3x+1$ 在一個平面直角座標系中做出來，會發現它們都過點（0，1）。這裡的（0，1）就是上述四條直線的代數簇。也就是說，代數簇可以理解為是一組幾何圖形的公共部分。實際上，代數簇是一個非常深刻的概念，不僅在歐幾里得平面空間和立體空間中可以使用，同時也可以使用在數學家們建構出的各種空間裡。

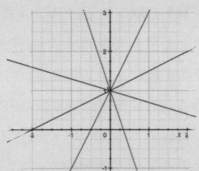

45

第五公設的難題

非歐幾何的誕生

《幾何原本》是歐氏幾何中的經典著作，也是兩千多年來學習幾何的入門教材。

它的形式簡單，邏輯清晰，甚至年幼的孩童都可以學習，但其中有一個困擾數學家們幾千年的問題，隨著對這個問題的研究，一個新的幾何學科——非歐幾何誕生了。

我們知道，任何一個學科或者知識體系都會有一個基礎。《幾何原本》的基礎是五個定理和五個公設，整本書所有的內容都由這十個基本規則推導出來。在這裡五個公設分別為：

公設 1、由任意一點到另外任意一點可以畫直線。

公設 2、直線可以延長。

公設 3、以任意點為圓心，任意長度為半徑可以畫圓。

公設 4、凡是直角都相等。

公設 5、同一平面內的一條直線和另外兩條直線相交，若在某一側的兩個內角的和小於兩個直角和，則這兩條直線無限延長後在這一側相交。

數學家們發現，前四條公設簡單易懂，而第五條公設卻描述得非常繁瑣，明顯和其他四條不同，看起來非常另類而讓人討厭，那麼，能不能捨棄第五條公設呢？於是，數學家們打算用前四條公設來證明第五條，如果成功，第五條公設就可以捨棄了。

但兩千多年來，無數的數學家為之前仆後繼，沒有一個人成功，使用前四條既不能證明第五條正確，也不能證明它錯誤。

十九世紀二〇年代，俄國喀山大學的數學教授羅巴切夫斯基也為這個難題糾結，他索性採用了另外一種證明方式：由於第五公設實際說的是過一個點只能做一條線與已知直線平行，羅巴切夫斯基索性把它假設為過一點，至少能做出兩條線與已知直線平行，他希望自己能在證明中找到矛盾，這樣就證明自己的假設錯誤。

出人意料的是，羅巴切夫斯基推導出了和歐式幾何一樣嚴謹的幾何，雖然這些幾何看起來很奇怪，與人類的感知相悖，但在邏輯上完美無瑕，沒有任何紕漏。

經過嚴謹的思考，羅巴切夫斯基做出了這樣兩個結論：第一、第五公設不能被前四條證明；第二、如果改變了第五公設，就可以得到一個嶄新的幾何形式——羅巴切夫斯基幾何，簡稱羅氏幾何，也稱為雙曲幾何。

無獨有偶，幾乎同時期，德國數學家黎曼在研究第五公設的時候採用和羅巴切夫斯基相同的思路，但他把第五公設假設成過一點

羅巴切夫斯基。

無法做出一條直線與已知直線平行，同樣，黎曼也得到了邏輯完整的幾何學——狹義黎曼幾何。好在狹義黎曼幾何在球面上可以表示，比羅巴切夫斯基幾何容易理解一些。

考慮地球上的兩條平行向正北方向延伸的鐵軌，雖然這兩條鐵軌看起來是平行的，但地球的正北方向是一個點，這也就意味著如果延伸北極點的時候，兩條鐵軌應該相交，因此，狹義黎曼幾何也稱為球面幾何。

羅巴切夫斯基幾何和狹義黎曼幾何從不同角度改變了第五公設，得到另外一種完全不同於歐幾里得的幾何學，所以羅巴切夫斯基幾何和狹義黎曼幾何又稱為非歐幾何。儘管非歐幾何和人類的觀念不同，和人們看到的相悖，但在微觀領域的量子力學宏觀領域的相對論中有很大的作用。

在第五公設的探究中，很多數學家模仿者羅巴切夫斯基和黎曼，發明了很多改變第五公設的命題，但這是徒勞的。

雖然它們也能形成某種幾何，但這些千奇百怪的幾何既不直觀，也不具有普遍性，更沒有研究價值，而都慢慢地消失了。

如果要理解羅巴切夫幾何和狹義黎曼幾何的邏輯的正確性，我們可以舉一個有趣的例子。

老虎是吃肉的，在他們的思維中，只有肉類才是真正的食物，他們可以由此得到很多的結論，這些結論在老虎的世界中是符合邏輯的。同樣，在兔子的世界裡，草類和其他一些植物是食物，進而得到的結論在兔子的世界中也是符合邏輯的。

我們在歐幾里得空間中很難理解非歐幾何，就像老虎無法理解植物也能做為食物一樣。

46

幾何學的統領

廣義黎曼幾何

　　羅巴切夫斯基對《幾何原本》中第五公設的改動，推衍出與歐式幾何並行的幾何學——羅巴切夫斯基幾何。在直覺上，羅巴切夫斯基幾何和人的經驗相悖，也挑戰著人類兩千年的對來空間和幾何的認知。

　　羅巴切夫斯基幾何得到的結論很詭異，比如，過直線外一點能做無數條與已知直線平行的直線；三角形內角和小於 180°；過不在同一條直線上的三個點，不一定能做出一個圓等。這和歐式幾何中「過直線外一點只能做一條與已知直線平行的直線」，「三角形內角和等於 180°」和「過不在同一條直線上的三個點，一定能做出一個圓」完全不同。這讓整個數學界感到震撼和憤怒。

　　其實早在羅巴切夫斯基兩歲的時候，高斯就已經開始這方面的研究了，但即便是高斯這樣的大數學家，也不敢公布自己的研究成果。而面對龐大的守舊勢力，做為晚輩，羅巴切夫斯基幾乎得罪了所有數學家，甚至失去了喀山大學的公職，悲慘地死去。

　　在羅巴切夫斯基去世的前兩年，即西元一八五四年，黎曼得到了哥丁根大學的教授職位，在就職演講上，黎曼發表了《論做為幾何學基礎

的假設》的演講，在演講中，黎曼認為曲面不僅可以做為空間中的幾何圖形，更可以做為一個空間進行研究，而這些空間中的幾何特徵很可能超乎人類的直觀。在演講中，黎曼給出了一個例子，也就是後來的狹義黎曼幾何。而且黎曼認為，在不同空間的幾何應該統一起來，不管是羅巴切夫斯基幾何、狹義黎曼幾何還是歐幾里得幾何，都應該在一種幾何的統領下，這種

黎曼。

幾何就是後來的廣義黎曼幾何，簡稱黎曼幾何。

　　黎曼幾何很抽象，為了理解它，我們可以採用降維的方式用平面進行類比。我們在紙面上畫一個小人，如果這個小人有生命，他也只能在紙面上運動，無法感知紙面外──即空間的存在。即使你把紙面彎折成曲面，從小人的角度看起來，生活也不會有任何變化。同樣，如果我們所在的三維空間發生了扭曲，那麼我們也無法感知。這種扭曲會導致幾何特徵的變化，黎曼正是把各種扭曲的空間放在一起考慮，創造了大一統的幾何理論。

　　事實上，黎曼幾何絕非只是理論上的推導。一九一五年，物理學家愛因斯坦發表了迄今為止代表物理學引力理論的最高水準的廣義相對論，就利用了黎曼幾何做為研究工具，根據廣義相對論，牛頓的萬有引力，實際上就是空間扭曲形成的。

　　在黎曼去世七年後，羅巴切夫斯基幾何、狹義黎曼幾何和統領各種

空間幾何的黎曼幾何才正式得到數學界的承認，但這時，高斯、羅巴切夫斯基和黎曼等非歐幾何先驅都已經去世，誰也沒能等到非歐幾何被學術界承認的那天。

　　當今科學界有一種非常盛行的「反直覺」理論：如果新誕生的學說與人類的直覺相悖，不符合人類的認知，一旦被證明正確之後，將會對科技產生重大變革。非歐幾何和在它基礎之上的黎曼幾何就是這樣一種「反直覺」的理論，儘管在它誕生後的很多年都被數學家們誤解和拋棄，甚至它的創始人也不得善終，但這絲毫不影響黎曼幾何的權威性和廣適性，因為真正的真理從來不怕不被理解，因為總有一天會被理解，也從來不怕時間的檢驗，因為經得起檢驗。

─ TIP 8 ─

　　雖然現代數學的分支眾多，但這些分支並不是相互獨立的。每個分支借用其它分支的理論和研究方法，不斷擴充自己的內涵，代數幾何就是利用了代數學的方法研究幾何。而在黎曼幾何的發展過程中，微分幾何發揮了很重要的作用。實際上，現代的微分幾何的研究全都是建立在黎曼幾何基礎上的，而黎曼幾何的研究方法，幾乎都是來自於微分幾何。

47

海岸線有多長

分形幾何學

　　法國著名數學家，西元一九九三年的沃爾夫物理學獎得主——曼德爾勃羅特在幾十年前提出了這樣一個問題：英國的海岸線到底有多長？雖然這個問題可以在地理學的相關書籍中找到答案，但對數學家來說，這個答案未必是準確的。

　　顯而易見，如果用公里為單位測量，不太大的海岬和海邊懸崖等一些幾十公尺的曲折都會忽略不計；如果用公尺為單位測量，海岸岩石與海水連接處的突起和凹陷大約幾公分，也會忽略不計。實際上，如果考慮全部海邊岩石的邊緣真實長度，由於海岸線曲折蜿蜒，加在一起可能是一個非常大，並且不可以測量的數。如果把這個問題抽象出來，就成為了研究不規則幾何形狀的幾何——分形幾何。

　　如果要理解分形幾何，就要先瞭解維度的概念。在數學中，維度是獨立參數數目的意思。以我們所在的空間為例，如果物體移動可以選擇上下，也可以選擇前後，還可以選擇左右，向任何一個位置的移動都可以用這三種方位進行合成。用數學語言表示即為：在空間中建立一個由三個數構成的笛卡兒座標系，移動方向可以由 x 軸、y 軸和 z 軸三個參

數確定，而它們之間互相不影響。

除此以外，維度的相關知識也很重要。第一，圖形都有自己的維度。比如一個點沒有任何方向，所以是一維的；平面有上下和左右的區別，是二維空間；正如前文所說，我們所處的空間是三維。第二，維度之間有著特定的關係，如果考慮二維的平面，我們會發現它可以包括無窮多個一維的直線，而在三維空間中又可以包括無窮多個二維的平面。也就是說，高維度可以包括無數個低維度。第三，低維度的不能度量高維度，我們知道一維長度的單位是公尺，而二維的面積單位是平方公尺，我們不能用公尺做為二維的單位。

有了這些知識，我們再來回顧英國的海岸線問題。儘管我們不確定，但可以明確海岸線確實有維度，下面的問題就是如何尋找維度。因為英國領土所在空間是二維平面（儘管地球是一個曲面，但我們可以近似看成是平面，這並不影響分析），所以海岸線的維度一定小於 2，同時，由於海岸線上有無數條曲折的線，可以看成它包括無數條一維的直線，所以海岸線的維度大於 1。這樣我們就推出了海岸線實際的維度是介於 1 和 2，儘管這違背我們的常識，但在邏輯上天衣無縫——一維的長度是無法測量高維度的海岸線。而根據數學家測算，海岸線的維度大約為 1.26。

由於很多圖形有著不斷重複和反覆運算的結構，海岸線的任意兩點的曲折連線中還有無數個曲折的連線，在它們的維度上研究存在的規律就是分形幾何。雖然早在一九一九年，數學家就知道了存在著小數的維度。但直到上個世紀七〇年代，曼德爾勃羅特才開創了分形幾何。但分

形幾何很迅速地被化學、氣象學等領域應用，尤其是一些沒有規律，重複無限次的現象，例如在晶體形成的過程中，在晶體表面會不斷反覆運作產生更小的晶體顆粒等。

經過幾千年的累積，現代數學的複雜程度和邏輯高度已經發展到了很高的層次，如果沒有接受過專業的數學訓練，就無法理解和掌握現代數學。從這個角度看起來，現代數學離普通人很遙遠，但實際上，現代數學並不是遙不可及的，生活中有很多例子都蘊含著深刻的數學原理，給數學家開創新的數學啟發，除了海岸線對分形幾何的貢獻，攪拌咖啡得到的不動點映射理論也是數學家們耳熟能詳的例子。

TIPS

除了海岸線和晶體形成以外，自然界中有很多分形幾何的圖形，這些圖形表面看起來有獨特的形狀，放大很多倍後仍然是相同的形狀，比如花椰菜，或者某種蕨類植物的葉片。由於分形幾何是相同形狀，不同大小的圖案進行疊加，所以從外觀看起來很美觀，這也引起了很多藝術家的興趣，他們紛紛在自己的藝術作品中加入分形幾何的元素，而平面設計師更是使用電腦上的繪圖軟體做出了很多嘆為觀止的分形幾何圖形。

48

七橋問題和四色定理

不在乎形狀的拓撲學

俄羅斯的加里寧格勒原名哥尼斯堡，在歷史上，俄羅斯人和德國人為之爭得不可開交，從普魯士人、波蘭人、納粹德國，一直到現在的俄羅斯人都曾經佔領過這個地區。而在數學史上，這座城市也頗有名氣，哥尼斯堡七橋問題就誕生在這裡，而這個問題也為數學中的新學科——拓撲學打下了基礎。

西元一七三五年，在俄羅斯彼得斯堡科學院工作的數學家歐拉收到了一封來信，信是哥尼斯堡的幾個大學生寄出的。寫信者在信中寫到，一條名叫普雷格爾的河流貫穿哥尼斯堡城，在河中心有兩個小島，兩岸和島之間有七座橋，當地人中一直流傳著一個數學問題，如何才能從某地出發，恰好通過每座橋一次，又回到起點。歐拉覺得這個問題很有趣，為此在一七三六年親自到哥尼斯堡實地觀察七座橋的位置。歐拉經過了幾次嘗試後都失敗了，他的直覺告訴他，這種走法是不存在的。為了解決這個問題，歐拉進行了深入的研究，終於在當年解決了這個問題。

由於問題的重點在於要一次走完七座橋而不重複回到原地，所以橋的形狀和長度、陸地大小和位置都不重要，只需要把曲線當成橋，把陸

地和島嶼用點表示即可。於是歐拉把實物圖簡化成一個圖。這樣這個問題就變為了「一筆劃」問題。歐拉按照連接曲線的條數把點分為兩類，連接奇數條曲線的叫做奇點，連接偶數條曲線的叫做偶點。在一個圖中，如果奇點的數量是0或者2，則從一個奇點出發，一定能一次做出「一筆劃」。

在七橋問題的研究中，曲線的長度和形狀被忽略，只需要確定每條曲線的連接關係即可，這樣的問題很多，四色定理就是其中之一。

西元一八五二年，一位年輕的測繪師在研究地圖的時候發現，不管區域之間的連接多麼複雜，在沒有限制的情況下，用四種顏色就可以把不同區域分隔開，但這個問題應該如何證明卻不得而知。直到一八七二年，英國數學家凱利向數學會正式提交了這個問題──並且命名為四色猜想，從此四色猜想成為世界數學界關注的焦點。在接下來的幾十年裡，很多數學家都嘗試去證明四色猜想，但都失敗了。唯一的成果就是證明了五色定理──五種顏色可以分隔區域。直到一九七六年，美國數學家使用兩台電腦，用時一千兩百小時證明──任何地圖可以用四種顏色分隔，宣告了四色猜想的解決，四色猜想就變成了四色定理。

七橋問題和四色定理的研究屬於拓撲學。拓撲學不注重幾何體具體的形態、長度、大小等性質，在拓撲學中正方形可以連續地、「不撕裂地」和「不把任意兩端接在一起」變成一個圓、梯形或者一根任何一個中間沒有「洞」的圖形，如果在正方形中畫一個閉合的曲線，在變化中曲線一直保持閉合。在拓撲學中，正方形、圓形和梯形是等價的，它們被稱為有相同的拓撲結構，而之間「不撕裂」、「不把任意兩端接在一

起」的變化被稱為拓撲變化，對於相同的拓撲結構，一定具有某些特徵，比如上述曲線保持閉合，就是其中之一，對這些特性的研究，就是拓撲學研究的內容。

實際上，早在一六七九年數學家萊布尼茲就開始研究拓撲學了，而在十八世紀，歐拉解決了兩個拓撲學基礎中的問題：七橋問題和多面體公式。

拓撲學的名稱是利斯廷在一八四七年創造的，他把希臘文的「位置」和「研究」拼在一起，很形象地表達了拓撲學的原意。根據研究方法，拓撲學發展為用分析研究的點集拓撲學和用代數學研究的代數拓撲學。在此基礎上，又發展出同胚、同倫、同調等一系列抽象的概念和理論。

歐拉時代的柯尼斯堡地圖，顯示了當時七座橋的實際位置。河流和橋樑使用特別的顏色標記出來。

在拓撲學中，除了七橋問題以外，歐拉還解決了多面體頂點、邊和面的關係。

如果設頂點個數是 V，多面體稜的條數為 E，多面體的面數為 F，那麼它們之間的關係為 V+F-E=2。我們可以選擇正方體驗證一下，正方體有八個頂點、十二條稜和六個面，正好符合這個規律。

在這裡，2 被稱為歐拉示性數，這個數是多面體的拓撲不變數，即多面體不管怎麼變化，這個數一直固定。

49

用點的集合研究拓撲學

點集拓撲學

拓撲學的基礎很簡單，類似於歐拉的七橋問題和多面體問題，只需要有一定的邏輯性和數學基礎就可以做出來，但如果要研究更複雜的問題，比如無數個拓撲等價的圖形有什麼共同的特點，就要有更深刻的數學工具。

歷史進入了二十世紀，數學家們對集合制定了嚴謹的規則，發明了空間的概念，從此不用擔心數學研究的基礎不牢固而出什麼問題。同時，泛函分析的出現，讓數學家們可以把函數做為元素放在集合中研究。

由於任何空間中的幾何都是點構成的，用集合的方法對拓撲學進行分析，就形成了點集拓撲學。不過數學家並不是把點做為集合中的元素進行研究，而是類似於泛函分析，把圖形變換的函數做為元素，放在集合中進行研究。

同胚是拓撲學中一個重要的概念。一塊黏土可以搓成一個圓球，也可捏成餅狀，則這些連續變化產生的圖形有相同的拓撲結構，或者叫做同胚；如果把這個黏土中間打個洞，或者捏成長條後收尾連接，形成一個圈，就和圓球不同胚了，因為中間的洞在連續的變化中無法消除，這

個洞在拓撲中叫做虧格，洞的數量就是虧格的數量。

　　如果上述問題太抽象，我們可以看一些具體的例子。在點集拓撲學中，最著名的幾何圖形是莫比烏斯環和克萊因瓶。莫比烏斯環這個圖形是西元一八五八年德國數學家莫比烏斯和約翰‧李斯丁發現的，如果把一張紙條一端扭轉 180°後黏到另外一端，就形成了一個只有一個面的奇怪的二維圖形，即單側的光滑曲面。莫比烏斯環有很強的拓撲學背景。莫比烏斯環的表面任何一個微小的位置都可以看成平面，這就是二維空間的一個流形，同時這個二維平面顛覆了數學家一直認為低維度在高維度中要分「正」和「反」。

　　克萊因瓶誕生時間稍晚於莫比烏斯環，是由德國數學家菲利克斯‧克萊因提出的。一般的閉合曲面可以把空間分成兩部分，比如一個肥皂泡有內外之分，兩部分互相不接觸。克萊因瓶的奇

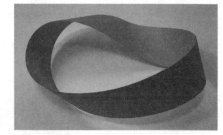

莫比烏斯環。

妙在於，它是閉合曲面，卻是一個不分內外。從瓶口和外部三維空間光滑連接，同時直接伸到瓶子內部。

　　莫比烏斯環和克萊因瓶一個沒有正反，一個不分內外，這讓拓撲學家不禁考慮，這兩個圖形是否有天然的關係呢？實際上，如果把克萊因瓶按照某種規則剪開，就可以變成莫比烏斯環；同時如果在四維空間中把莫比烏斯環剩下的兩邊連接，就可以變成克萊因瓶，儘管我們身處三維空間，但還是可以透過數學證明出這個結論。

　　數學家們透過研究莫比烏斯環和克萊因瓶，加深了拓撲學定義的認

識，比如虧格的概念就經過延拓，從而適用在以上兩個圖形中，根據計算，數學家們發現莫比烏斯環的虧格是 1，而克萊因瓶的虧格是 2，如果你有興趣，可以思考一下這個問題。

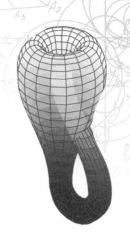

伽利略說過，數學是上帝用來書寫宇宙的文字。數學因其抽象性，可以描述宇宙中幾乎所有事物的特徵。同樣它的抽象性也能讓不同數學門類相結合，最終發展出更新的研究方法。

三維空間中的克萊因瓶。

事實上，儘管數學的抽象性讓很多人對其誤解，甚至望而卻步，但數學家們可以排除不相關因素的干擾，研究事物的本質。對很多拓撲學家來說，點集拓撲實在太具體了，他們需要找到更抽象的工具來分析拓撲學。

— TIP 8 —

鞋帶打結也蘊含著深刻的拓撲學原理，甚至在拓撲學中還有專門的紐結理論。儘管打結的方式有無限種，但至少可以分為兩類：拉動鞋帶能解開和解不開的。透過拓撲學的研究，我們可以發現，能拉動解開鞋帶的綁定方式都是同胚的，而拉動不能解開的鞋帶不一定同胚，道理很顯然——死扣的打結方式有很多種。

50

一百萬美元的問題
代數拓撲學

捏一塊黏土，只要不在中間掏出一個洞，也不把任意兩端連接，就可以形成各式各樣拓撲等價的圖形，如果在黏土表面隨便畫一條閉合的曲線，只要符合上述捏法，這條曲線永遠都是一條閉合的曲線，但這種在拓撲變化中不變的量並不是那麼容易尋找的，於是拓撲學家想到，這些拓撲不變數能不能符合某些條件建立的方程組。進一步，能不能把這些不變數變成集合中的元素，在更抽象的條件下進行研究之間的關係。方程組和抽象集合中元素的關係是代數學的範疇，就這樣代數和拓撲學聯繫起來，這就是代數拓撲學。

代數拓撲學有兩大支柱支撐：同倫和同調。幾何圖形在同胚變化前後相同，說明了圖形之間同胚，而同倫是把這些同胚變化抽象出來，這些變化相互之間是同倫的，比如一個輪胎可以同胚變成一個有握把的杯子，也可以同胚變成一個沒有頂和底的圓筒，這兩個變形方式同倫，而同調則是更抽象的概念——把這些同倫的變化放在一個集合中進行研究。大致瞭解這些概念後我們發現，同胚、同倫和同調越來越抽象，層次越來越高，適用範圍越來越廣，越來越接近事物的本質。

下面我們來看一道價值一百萬美元的拓撲學問題：任何一個單連通的，閉的三維流形一定同胚於一個三維球面。這句話的意思是，一個沒有邊界的，虧格為零的三維空間，比如我們現在所在的空間，經過一定和一個四維空間中球的球面同胚。儘管我們無法想像四維空間的球長什麼樣，但這個描述還算清楚。這就是法國數學家龐加萊在西元一九〇四年提出的猜想——龐加萊猜想。

　　二〇〇〇年，美國克雷研究所公布了七個問題，稱為千禧年數學大獎問題。任何一個人只要能正確解答其中一道題，把答案公開發表在數學期刊上，同時通過了其他數學家兩年的檢驗，就可以獲得研究所頒發的一百萬美元的獎金，而龐加萊猜想就是其中唯一一道拓撲學問題。龐加萊猜想看起來並不是什麼難題，但卻讓無數數學家「競折腰」。拓撲學已經發展到了代數拓撲學，但看起來似乎對解決龐加萊猜想是不夠的。

　　直到二〇〇二年，俄羅斯數學家佩雷爾曼在自己的部落格中寫下了三頁簡短的證明，宣稱自己解決了龐加萊猜想。對很多絕頂聰明的數學家來說佩雷爾曼很了不起，他的天才讓人覺得佩雷爾曼一定是來自地球以外，他覺得顯而易見的東西在其他數學家看來卻是非常艱深。不過佩雷爾曼早已隱居，更不肯為他的證明說太多「廢話」去解釋，只能等著其他數學家慢慢領會。在很多數學家的共同努力下，佩雷爾曼的思想漸漸清晰，雖然這是一道點集拓撲的問題，但他避開了常規的拓撲學方法，使用了一個叫做瑞奇流的工具，這個工具正是不久以前美國數學家漢密爾頓發明的。

二〇〇六年，克雷研究所宣布龐加萊猜想得到了證明，提供思路和主要證明者是佩雷爾曼。一時之間，幾乎所有的數學榮譽都投向這個淡泊名利的天才，甚至西班牙國王都要親自邀請佩雷爾曼，要為他頒數學最高獎——菲爾茲獎，他的成果也成為二〇〇六年世界上最偉大的十項科技成就之一。

拓撲學從正式提出到現在只有一百餘年，數學家在拓撲學上獲得的成就遠遠無法和分析、代數等學科相比；但拓撲學家們可以站在分析、代數巨人的肩膀上，看得更遠。拓撲學也因此發展出幾何拓撲、微分拓撲等分支，嘗試用更多的方法解決未知的拓撲世界。

TIPS

　　雖然拓撲學是幾何學的一部分，但是代數拓撲學和代數幾何學的研究內容完全不同。代數幾何學重視圖形的形狀和解析式，如果圖形變化，對應的解析式也會發生變化，三角形、正方形和橢圓是完全不同的圖形，需要研究它們的共同交點；在代數拓撲中，三角形、正方形和橢圓沒什麼區別，數學家們只研究圖形從三角形變成橢圓形的方法 a、從三角形變成正方形的方法 b 等，以這些方法為集合，研究其中的代數結構。

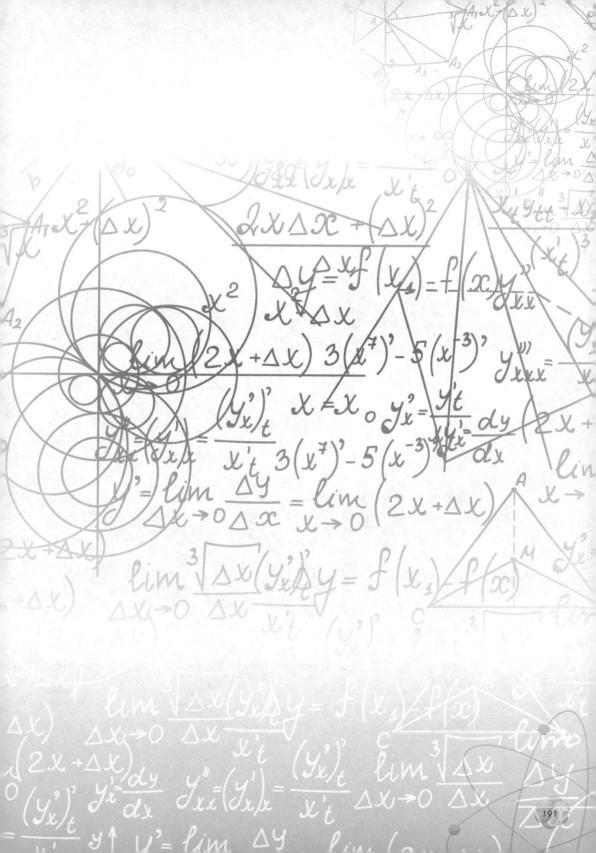

第六章

數論的發展

$$4 = \begin{cases} 1+1+1+1 \\ 1+1+2 \\ 1+3 \end{cases} \quad 5 = \begin{cases} 2+3 \\ 1+1+3 \\ 1+1+1+2 \\ 1+1+1+1+1 \end{cases} \quad 6 = \begin{cases} 1+5 \\ 1+2+3 \\ 1+1+1+3 \\ 1+1+1+1+2 \\ 1+1+1+1+1+1 \end{cases}$$

51

初等數論的核心

整除和同餘理論

　　人類最早對數學的認知是用於計算數量的數字和表示各種形狀的圖形。人類和其他物種有很多區別，其中最大的區別在於能有目的性地發揮他們的好奇心。數字是什麼，數字有怎樣的特點，這些問題一直困擾著人類，也推動對數字規律的不懈追求。在有記載的歷史上，早在兩千多年前，崇尚整數的比達哥拉斯學派就開始研究數字的規律了，而這種規律被稱為初等數論。

　　類似 1、2、3……這樣的數字可以表示數量，隨著數量的增加，這樣的數字也越來越多，如果要研究它們就不可避免地對其進行分類。人類發現這些數有的可以一對對出現，比如 2 是 1 的一對，4 是 2 的一對，於是用偶（雙，對的意思）為它命名；另外一種不能表示某個整數的一對，就用奇數命名。很明顯，奇數和偶數是利用能不能被 2 整除分類的。那麼就很快出現了兩個方向，一是整數能不能被 2 以外的其他數整除，另一個是如果不能整除的數之間有怎樣的特點。這兩個理論被稱為整除理論，而整除理論又分為質數理論和同餘理論。

　　要理解質數理論首先要明確什麼是質數。如果一個數 a 能被 b 整

除，就用符號 bla 表示。我們都知道一個整數一定能被自身和 1 整除，但能不能被其他整數整除呢？數學家發現，類似 2、23 這樣的數，只有 1 和自身是它的因數，而 12 還有 2、3、4、6 為因數。於是把 2、23 這樣的數稱為素數或者質數，12 這樣的稱為合數。質數和合數的定義很簡單，國小生都能看明白，但對質數的研究卻是步履維艱，歐幾里得已經在《幾何原本》中證明了質數有無限個，但即使現在人類目光能到達兩百億光年外的宇宙，也能觀測到 10^{-10} 公尺級的原子，但對質數的規律幾乎無能為力，可見這個問題的深刻性。

另外一個方向被稱為同餘理論。同餘的意思是兩個數被同一個數除後，得到的餘數相同，例如在這裡我們可以比較下列數字：

1、2、3、4、5、6、7、8、9、10……

如果考慮被 2 整除，這組數會連續出現餘 1、餘 0（整除），餘 1、餘 0 這樣的規律；考慮被 3 整除，就會連續出現餘 1、餘 2、餘 0，餘 1，餘 2，餘 0……這樣的規律。被其他數字除同樣會出現這樣的數。數學家根據這個規律研究下去，得到了很多規律。在同餘中，數學家們發明簡單的符號，比如 3 和 5 被 2 除後餘 1，可以寫成 $3 \equiv 5 \pmod 1$。

整除理論的誕生擴充了人類對數字的認識。引起歷史上第一次數學危機的希帕索斯被畢達哥拉斯學派殺害事件，就是由整數理論引起的畢達哥拉斯學派認為，任何數字都可以寫成分數的形式，但希帕索斯用很漂亮的證明反駁，而這個證明也被稱為數學史上最漂亮的證明之一。

雖然在數論誕生的幾千年後，數學界出現了各式各樣的數學同時解決了很多問題，但這並不影響數學家們對這個古老數學學科的偏愛。數學家認為，其他數學學科用到了很多人類後來發明的工具，只有數論對

數本身進行研究，這樣的數學是最純粹，因此把數論比喻為數學界的女王。不過，女王大人不會那麼容易就揭開自己的面紗，還需要數學家們不懈的探索。

TIP 8

費馬數論上的造詣很深，他提出了兩個很重要的定理，費馬小定理就是其中之一，費馬小定理和中國剩餘定理、威爾遜定理，以及數論中的歐拉定理並稱為初等數論四大基本定理：如果 p 是質數，並且與 a 互質，即最大公約數是 1，則有 $a^{p-1} \equiv 1 (\mod p)$。在這裡我們可以使用一組數進行驗證，設 p ＝ 3，a ＝ 5，則 $5^2 = 25$，除以 3 餘 1。不過，費馬在最開始定理描述的時候，加上了 a 是一個質數的條件，實際上，這個條件過於嚴格，沒有必要加入，即如果把上面例子改為 a ＝ 4，仍然成立。雖然費馬提出了費馬小定理，但世界上首次證明這個定理是德國數學家萊布尼茲完成的，由於沒有發表，所以具體證明的年代不詳，而證明首次被發表則是在定理提出的一百年之後，由歐拉證得，而歐拉採用的方法和萊布尼茲完全相同。

52

幾千年的努力

尋找質數的規律

　　《幾何原本》不僅是古希臘幾何學的最高成就，也是古希臘數學的最高成就。在《幾何原本》的最後幾章，歐幾里得給出了很多關於初等數論的問題，其中有一個證明非常漂亮，結論也讓人浮想聯翩：質數有無數個！

　　既然質數有無數個，那麼它們有什麼規律呢？為了解決這個問題，數學家們開始了幾千年的艱難跋涉，但迄今為止，數學家們對質數知之甚少。只能大致瞭解質數的分布的一些特徵。

　　古希臘時期，成功測量地球周長的艾拉托色尼，採用了一個直觀的方法來選擇分布在整數中的質數。當時的數學家們在塗滿蠟的板子上刻字進行計算，於是艾拉托色尼找到這樣一塊板子，他把整數一個一個刻在蠟板上，從 1 一直到 100。首先他劃掉 2 的倍數，4、6、8……，然後劃掉 3 的倍數，3、6、9……，因為 4 的倍數包括 2 的倍數，已經被劃掉了，於是跳過，劃掉 5 的倍數。以此類推，艾拉托色尼一個個地劃掉很多數字，剩下的數字就是 100 以內的質數。把合數過濾掉只剩質數，這樣的方法好像在使用一個篩子進行選取，因此選擇質數的方法又叫做篩法。

儘管艾拉托色尼的方法簡單直觀，但對尋找質數的規律一點辦法也沒有。像這樣先找 2 的倍數，再找 3 的倍數……的方法是多步進行的，而規律一定是一步進行，所以這種方法對尋找質數規律一點幫助都沒有。要找到質數的規律，一定要發明新的篩法。只靠「不能被其他數整除」的定義，只能使用艾拉托色尼篩法。如果要建構別的篩法，一定要有更先進的質數理論，其中梅森質數是質數研究的方向之一。

　　馬林・梅森是十七世紀的法國數學家，當時的歐洲還沒有建立專門的科學研究機構，因為梅森的社交能力很強，與很多數學家保持著良好的溝通，所以當時幾乎所有的歐洲數學家交流都要透過梅森這個「中轉站」，和其他數學家進行交流。西元一六四○年，法國另外一位數學家費馬在給梅森的信中寫到：「我發現，若一個數字能寫成 2^p-1，那麼 p 一定是質數；反之，若 p 是質數，2^p-1 不一定是質數。這個重要的結論在未來一定大有用途。」由於梅森對質數研究交流的貢獻，數學界把在 p 為質數的條件下，2^p-1 形式的質數稱為梅森質數。梅森質數看起來似乎比質數內容多一些，這也給數學家們研究質數提供了更多條件，但迄今為止，數學家們藉助電腦的力量才找到第 48 個梅森質數，梅森質數是否有簡單的篩法，是否有有限個，這些困難仍然困擾著數學家。

　　質數的另外一個方向是孿生質數的研究。一些類似 3 和 5，5 和 7 這樣一對質數，它們之差為 2，這樣的質數被稱為孿生質數。對數學家來說，孿生質數是很不「友好」的質數們，質數本是在乘和除的關係，但孿生質數說明了質數之間還有相加的關係，這對本來就不順暢的研究雪上加霜。同時數學家們發現，在 1~100 以內還有不少孿生質數，但隨著數字越來越大，相鄰兩組孿生質數越來越遠。儘管孿生質數看起來有

無窮個，但迄今為止也沒得到證明。

　　數學家們為質數發明了各式各樣的「篩子」，以求找到規律。在質數碰了壁，轉去篩梅森質數，在梅森質數碰了壁，又去篩孿生質數。雖然現在數學家們把分析、代數、幾何的工具都用到了對質數的研究上，但研究得越深，卻發現自己對質數越無知。質數就是這樣不斷吊著數學家的胃口，讓人欲罷不能。關於質數的規律，中國數論專家陳景潤的一句話蘊含著天機，大意是質數現有的篩法已經到了極致，只有更嶄新的思想才能有進一步的發展。

TIP 8

　　雖然質數的公式現在還不為人知，但人類可以利用電腦驗證一個大數是否是質數，其中最通俗簡便的演算法是利用窮舉的方法：把一個大數除以2，得到一個新的數字，然後用大數除以從3開始到這個新的數字中間的每一個整數，如果都不能整除，則說明這個大數是質數。例如，若要驗證1034783這個數字是否是質數，先把它除以2得到517391.5，然後用1034783除以3，看能否整除，然後再除以4，看是否整除，一直嘗試到517391。而以現代電腦的處理速度，驗證七位數是否為質數連一秒鐘都用不了。

53

韓信點兵

中國剩餘定理

　　一次，漢高祖劉邦問韓信：「你看我能帶多少兵。」韓信看了看劉邦說：「您的水準最多能帶十萬兵。」劉邦忍住不悅，心想這個韓信也太不給面子了，又接著問：「將軍你能帶多少兵呢？」韓信自信滿滿地說：「我當然是越多越好。」聽到韓信這麼自負，劉邦很不高興，想給韓信一個下馬威：「以將軍的水準，一定能解決我關於士兵數量的一個小問題。」韓信滿不在乎地答應了。劉邦讓手下近千名士兵站在外面，讓他們每三個人站成一排，隊伍站好後發現最後一排有兩個人；變換隊形後，每五個人站成一排，最後一排有四個人；再次變換隊形，每七個人站成一排，最後一排剩下六個人。劉邦轉身過來問韓信：「將軍，你看這些士兵有多少人。」本想看韓信難堪，沒想到韓信脫口而出：「一千零四十九人。」劉邦大驚，連忙問：「將軍是怎麼算的？」韓通道出實情：「我年少的時候得到黃石公傳授的《孫子算經》，書中有這種問題的演算法。」這就是歷史上關於韓信點兵的故事。如果我們仔細分析，劉邦的問題不過是簡單的同餘問題：一個未知數如果除以三餘二，

韓信。

除以五餘四，除以七餘六。如果設士兵數量為 x，我們就可以列出一個同餘方程組。

$$
\begin{cases}
x \equiv 3 \,(\mathrm{mod}\,2) \\
x \equiv 5 \,(\mathrm{mod}\,4) \\
x \equiv 7 \,(\mathrm{mod}\,6)
\end{cases}
$$

在這裡 x 是一個接近一千的整數。

韓信與劉邦的對話中提到的《孫子算經》與韓信點兵的問題基本相同，只是資料上有差別：今有物，不知其數，三三數之，剩二，五五數之，剩三，七七數之，剩二，問物幾何？答曰：二十三。對於這個問題，《孫子算經》中有明確的演算法：3、5 和 7 兩兩相乘，得到 15、21 和 35，其中 35 的倍數，且滿足被 3 除餘 2 的數是 140；21 的倍數，且滿足被 5 除餘 3 的數是 63；15 的倍數，且滿足被 7 除餘 2 的數是 30，最後結果只需要把 140、63 和 30 相加，得到 233。實際上，滿足這個同餘方程式的數有很多，這時就可以把 3、5、7 相乘等於 105，在 233 的基礎上加或者減若干個 105 即可，而書中的 23 就是用 233 減去兩個 105 得到。

由於中國在世界上最早提出並解決這個問題，所以這種演算法被稱為中國剩餘定理，又因為出自《孫子算經》，所以也被稱為孫子定理。中國剩餘定理是世界上少有的被承認中國首創的定理，它代表了中國古代數學的最高水準，展現了中國古代數學家對數字的深刻認識和在數論上的天賦。實際上，韓信點兵的故事只是民間一個傳說。根據歷史記載，韓信既精通兵法又熟知數學，還發明了中國象棋，他本人創造和他相關的成語有幾十個之多，韓信確實是能文能武的全才，但《孫子算經》是

在西元後四世紀到五世紀南北朝時期寫成的，韓信死後的幾百年才有了這本數學典籍，是斷然不可能看到這本書並學習的。不過根據歷史考證，唐太宗李世民掌握了中國剩餘定理，他在沒有登基之前被父親李淵封為秦王，殺害太子奪取皇位做準備時曾經根據《孫子算經》的方法暗暗計算自己士兵的數量，在歷史上被稱為秦王暗點兵。

TIPS

　　因為3、5、7是除了2以外最小的三個質數，因此在孫子定理中，最常出現的是模3、模5和模7的等式。同時，中國剩餘定理的演算法過於繁瑣，為了快速計算，明朝數學家程大位用一個兒歌來記憶計算模3、模5和模7的中國剩餘定理：「三人同行七十稀，五樹梅花廿一枝，七子團圓正月半，除百零五便得知。」這個兒歌也被稱為《孫子歌》。西元一八五二年，偉烈亞力把中國剩餘定理的演算法傳到了歐洲，二十多年之後，歐洲數學家才發現高斯在一八○一年的演算法和中國剩餘定理完全相同，只是把這個定理稍微推廣了適用範圍，而高斯所處的年代，已經距中國剩餘定理的發明晚了至少一千五百年。

54

這個猜想沒那麼重要

哥德巴赫猜想

西元一六九〇年，一個名叫哥德巴赫的孩子出生在哥尼斯堡。哥尼斯堡數學氛圍濃厚，數學上著名的七橋問題就誕生在那裡。哥德巴赫家庭條件優越，雖然他曾經在牛津大學學習法學，但終生都沒有從事法律工作。在年輕的時候，哥德巴赫喜歡遊山玩水，畢竟做為一個富二代，在謀生上沒有任何壓力，沒有必要辛辛苦苦地做自己不喜歡的事情。

在一次旅行中，哥德巴赫結識伯努利家族。伯努利家族是歐洲著名家族，這一家族的人幾乎都在研究數學，而且出現了很多著名的數學家。

從此，哥德巴赫愛上了數學。他結識和拜訪了很多數學家，並和他們成為朋友。在數學家中，哥德巴赫和歐拉的關係最好，兩個人保持了三十五年的通信。在一七四二年六月七日，哥德巴赫在給歐拉的信中寫到：「我的問題是這樣的：隨便取一個奇數，比如 77，可以把它寫成三個質數之和，$77=53+17+7$；再任取一個奇數，比如 461，$461=449+7+5$，也是三個質數之和，同時 461 還可以寫成 $257+199+5$，仍然是三個質數之和，這樣，我發現任何大於 9 的奇數都是三個質數之和。但這怎樣證明呢？雖然做過的每一次實驗都得到了上述結果，但是不可能把所有的

奇數都拿來檢驗，需要的是一般的證明，而不是個別的檢驗。」

歐拉仔細研究了這個問題，感到束手無策，於是在回信中說：「這個命題看起來是正確的，但我無法給出證明。」不過歐拉把哥德巴赫提出的問題進行了轉換，變成了一個更簡潔的形式：任何一個大於 2 的偶數都是兩個質數之和，數學上用（1+1）表示。

哥德巴赫信件的手稿，原文用德文和拉丁文寫成。

顯然，如果歐拉的表述正確，那麼哥德巴赫的猜想也正確；反之，若哥德巴赫的猜想正確，卻無法推出歐拉的正確，也就是說歐拉的猜想比哥德巴赫的猜想實用的範圍更廣，或者說哥德巴赫的猜想是歐拉猜想的推論。而歐拉的表述也就是數學上最難的問題之一——哥德巴赫猜想。

作家徐遲在一九七八年撰寫了名為《哥德巴赫猜想》的紀實文學，文章主角數學家陳景潤在艱難的環境下研究哥德巴赫猜想的事蹟，和哥德巴赫猜想本身在當時社會中是非常熱門知識，而被人們熟知。一九六六年，陳景潤發表了自己關於哥德巴赫猜想的最新進展——（1+2），即「一個大於 2 的偶數一定能表示成一個質數和兩個質數乘積之和」已經被證明。但（1+2）的證明到現在已經過去了近五十年，陳景潤的結論仍然是世界上最先進的，看來關於哥德巴赫猜想和素數，數學家們還任重而道遠。證明哥德巴赫猜想的難度極大，這個猜想的證明被很多人稱為「數學王冠上的明珠」；同時，這個猜想表述簡單，也被很多人熟知，更有無數的民間科學家樂此不疲地想用初等的方法證明，所以在民間有著極高的威望，很多普通人甚至認為哥德巴赫猜想是

數學上最重要的猜想。實際上，數學家們對哥德巴赫猜想並沒有很積極的態度。就目前來講，一方面，其他科學對數學的應用已經達到了極致，而數論也僅僅在密碼學上得到了應用，但哥德巴赫猜想沒什麼用途；另一方面，很多數學猜想的內涵豐富，如果被證實會解決一系列的數學問題，甚至對數學產生變革，但哥德巴赫猜想相對孤立，和其他問題無關。

因此，哥德巴赫猜想並沒有重大意義，僅僅是一個難題，它的流行是因為被不懂數學的人高估了。

TIPS

儘管哥德巴赫猜想並沒有得到解決，但數學家們還是致力於解決和哥德巴赫猜想內容接近的猜想，力求找到解決哥德巴赫猜想的線索，弱哥德巴赫猜想就是其中之一：任何一個大於 7 的奇數都可以表示成三個質數之和（質數可以重複使用），這個猜想之所以被稱為弱哥德巴赫猜想，是因為它是哥德巴赫猜想的必要條件，即如果哥德巴赫猜想成立，則它一定成立；若弱哥德巴赫成立，則哥德巴赫猜想不一定成立。

關於弱歌德巴赫猜想的最新進展是法國數學家、巴黎高等師範學院研究員哈樂德·赫歐夫在二〇一三年五月宣布這個猜想徹底得到證明。

55

用分析學研究數論
解析數論的誕生

　　幾百年前，數學家們就發現了初等數論的侷限性，這個工具太簡單，用它研究素數就像是要一隻螞蟻和一頭大象打架，根本沒有戰勝的可能，於是數學家們希望找到新的工具來研究質數，完善整個數論的框架。在這個過程中，歐拉和狄利克雷做出了巨大的貢獻，他們用複變函數的方法分析數論，創造了解析數論。

　　西元一七二八年，瑞士數學家萊昂哈德‧歐拉出版了專著《分析引論》。在書中，歐拉給出了一個公式：對於任何實數都有 $e^{ix}=\cos\chi + i\sin\chi$ ，如果令其中 $x = \pi$ ，則得到了 $e^{i\pi}+1=0$，這就是著名的歐拉恆等式。歐拉恆等式的奇妙之處在於，它把數學中最基本的幾個數：整數單位 1，虛數單位 i，最普遍的 0，和兩個最基本的超越數 e（e 是無線不循環小數，e≈2.71828）和 π 以非常簡單的形式聯繫在一起，讓人難以置信。有的數學家曾經說過，歐拉恆等式是最優美的數學公式，是上帝創造的公式，我們只能欣賞它而不能理解它。

　　歐拉的工作引起了狄利克雷的興趣。狄利克雷發明了兩個解析數論中重要的數學工具——狄利克雷（剩餘）特徵值和狄利克雷 L- 函數。

奠定複變函數在解析數論研究的地位是黎曼。黎曼發現，沿著狄利克雷的路徑走下去可以得到形為 $\zeta(s) = 1 + 1/2^s + 1/3^s + 1/4^s + \ldots\ldots$ s 是複數，這樣的函數。這個函數也稱為黎曼 ζ 函數。黎曼認為，如果 s 實部大於 1，則這個函數可以延拓到複平面上，新的函數在複平面上的全純函數。黎曼的這個結論，也成為解析數論中一個重要的猜想——黎曼假設。儘管黎曼假設是一八五八年提出的，也在電腦上經過了十五億次的驗證，但目前仍然沒有被證明，為此，美國克雷數學研究所把這個問題也列入七個千禧年問題，並懸賞一百萬美元。

既然數論主要研究物件是質數，那麼解析數論的工作都要圍繞這個物件。藉助黎曼 ζ 函數，數學家們發現，雖然素數沒什麼規律可循，但整體上看，質數的數量似乎滿足某種規律，於是用 $\pi(x)$ 表示不超過 x 的素數的個數，比如 6 以下的質數有 2、3、5 三個，則 $\pi(6)=3$，試圖找到規律。

十九世紀，高斯和勒讓德提出了解決問題的線索。在一八九六年，阿達馬用解析方法證明了 $\pi(x)$ 的性質：當 x 越來越大時，$\pi(x)$ 和越來越接近。儘管得到了大致性質，而質數公式的解決看起來遙遙無期，但數學家們並不滿足，他們希望找到更接近公式來表達 $\pi(x)$，而在一九四九年，數學家們竟然使用了中學生都能掌握的初等數學方法證明了這個 $\pi(x)$ 和 $\dfrac{x}{\ln x}$ 的關係，成為數學家們茶餘飯後津津樂道的事情，當然這個證明非常複雜。

隨著複變函數的發展，解析數論也在發展，數學家們利用函數的工具做出了很多震驚世界的證明和結論。在證明哥德巴赫的過程中，陳景

潤就使用了解析數論成功解決了（1+2）。同時，數學界對黎曼假設的解決非常期待，有數學家估計，如果黎曼假設得到證明，那麼在追尋質數規律的道路上，人類將邁出相當重要的一步。

TIP 8

幾千年來，數學家尋找質數無非用兩種方法，篩法和圓法。篩法在古希臘時期就被發明出來，圓法是一百年前英國數學家發明的，而現在數學家們使用的大多數是改進以後的圓法。二○○六年，澳大利亞數學家陶哲軒獲得了菲爾茲獎，他的主要成就就是使用 Gowers 的成果創造出了一個新的研究質數的方法，證明了存在著任意一個長度的質數的等差數列。數學家對陶哲軒的工作有著極高的評價，認為他的方法是獨立於篩法和圓法的第三種方法。

56

費馬的難題

代數數論的誕生

在古希臘時期，數學家丟番圖提出了一個重要的方程：

$$a_1 x_1^{b_1} + a_2 x_2^{b_2} + \ldots\ldots + a_n x_n^{b_n} = c$$

這個方程中，所有的字母係數均為整數，被稱為丟番圖方程。這個
方程是否有解，解的數量有限還是無限，能否找到所有的解，所有的解
是多少等問題一直困擾著數學家。

丟番圖方程是一個非常精妙的代數學問題，看起來簡單，但內容卻
深刻雋永，無數數學家為之前仆後繼，其中最
著名的就是法國的皮耶‧德‧費馬。

嚴格來說，費馬是十七世紀法國的一位律
師，數學研究只是他的愛好。雖然業餘研究數
學，費馬的數學水準卻不業餘，他在解析幾何、
分析學和代數學上均有很大的貢獻，是十七世
紀最多產的數學家，因此被數學史學家貝爾稱
為「業餘數學家之王」。

皮耶‧德‧費馬。

西元一六二一年，費馬在巴黎買到了西元三世紀古希臘數學家丟番圖撰寫的《算術》一書，很快他就對其中的丟番圖方程產生了興趣。為了解決丟番圖方程問題，費馬幾乎投入了全部業餘時間。

　　費馬有一個特殊的癖好，他習慣在數學書上進行演算和證明，因此他的很多成果都寫在了書中段落的空白處。費馬逝世後，他的兒子在整理遺物的時候發現，費馬在《算數》關於丟番圖方程的章節中寫下這樣的一段話：

　　「關於特殊的丟番圖方程 $x^n+y^n = z^n$，當 n 是大於 3 的整數，這個方程不存在整數解。關於這個問題，我有一個非常巧妙的方法，但這個地方太小了，我寫不下。」

　　這個問題看起來很有趣。如果 n = 2，這個方程的根就是一組勾股數，比如 $3^2+4^2 = 5^2$，再比如 $5^2+12^2 = 13^2$，很多整數都滿足這個方程。但如果 n≥3，費馬認為沒有整數解。

　　既然費馬說他有一個巧妙的證明，那就說明這個問題並不是太難。出乎數學家意料的是，雖然狄利克雷等數學家陸續證明了當 n 為某些整數的時候，費馬的猜想是正確的，但誰也沒有找到他所說的「巧妙的方法」來證明所有大於 3 的 n 都成立。而這個問題也被稱為費馬大猜想。

　　抽象代數誕生後，數學家們開始使用更高級的群、環和域進行研究。

　　他們一邊推動著代數學的發展，一邊研究質數的特徵，同時希望能產生更多更新的結論來證明費馬大猜想。

　　直到一八四四年，數學家庫默爾證明：當 n 是小於 100 的質數時，

費馬大猜想成立。庫默爾的證明完全採用抽象代數的方法，也象徵著用代數研究數論——即代數數論正式登上數學舞臺。至此，數學家們才恍然大悟，費馬所說的「巧妙的方法」根本不存在，他之所以這麼寫是因為證錯了。

費馬和數學家們有意無意開了個玩笑，讓數學家們忙碌了三百多年。但從代數數論的發展來看，這三百多年是非常值得，也非常必要的，代數數論的誕生後，數論的兩大研究方法——代數數論和解析數論成為尋求質數規律數學家們的左膀右臂，兩者相輔相成，缺一不可。同時，在代數數論的推動下，費馬大猜想也有了突破性進展。

一九九五年，來自牛津大學的安德魯懷爾斯爵士最終證明這個猜想，費馬大猜想從此蓋棺定論，成為費馬大定理，也稱為費馬最終定理。

在專業數學家證明費馬大定理的時候，很多「民間科學家」也沒有閒著。所謂「民間科學家」是指那些沒有經過專業學習，用初等方法嘗試進行數學證明和發明創造的人，他們樂此不疲地用初等數論「證明」費馬大定理，甚至有人宣稱自己完成了費馬大定理的證明。這些不具有任何數學專業知識的民間科學家們甚至連代數數論這個名詞都沒有聽過，卻輕視和妄想顛覆幾百年數學家的積累，這無疑是螳臂擋車、以卵擊石，他們的行為也成為專業數學家的笑柄。

代數數論可謂是所有現代數學分支中的另類，研究它並不需要有太多的數學基礎知識，只需要學習近世代數和初等數論就可以上手研究了。

　　儘管如此，但這並不意味著代數數論很簡單，有很多研究都要利用到其他數學家的工作成果，同時要關注代數數論的最新進展，才有可能做出成績。

　　如果把費馬大定理按照貢獻進行劃分，懷爾斯和他的團隊佔有百分之四十的貢獻，而谷山豐和志村五郎佔有剩下百分之六十，這充分說明了其他數學家工作成果的重要性和參考價值。

57

不能用代數方程解出來的奇怪數
超越數論

　　在研究丟番圖方程的時候，有的數學家採用相反的方向思考：什麼樣的數不能做為丟番圖方程的解呢？如果思考最簡便的二次方程 $ax^2+bx+c = 0$，$a \neq 0$，這個方程可以有有理數解，也可以有無理數解，甚至還可以有複數解。這樣看來，似乎所有的數都能成為丟番圖方程的解。

　　在西元一七四八年，歐拉出版的《無窮分析引論》的第一卷第六章中，歐拉寫下這樣一句話：「如果一個數 b 不是底 a 的冪，它的對數就不再是一個無理數。」在這裡，歐拉所說的數是整數，他的意思是，如果一個整數 b 無法寫成了類似於 3a 這樣底數和指數是整數的形式，那麼 lgb 就是一個嶄新的數字。這個數被命名為超越數。而關於超越數的理論，稱為超越數論。

　　超越數是一種特殊的無理數。數學家們發現，超越數和丟番圖方程有很大的關係。如果，甚至和丟番圖方程的解是等價的：無法做為丟番圖方程的解的數是超越數。但歐拉在《無窮分析引論》中沒有證明他的結論，歷史上第一個找到超越數的是法國數學家劉維爾，他在一八五一

年才找到一個無限小數 a=0.1100010000000000000000001000……劉維爾成功地證明了這個數無法做為丟番圖方程的解，所以這是一個超越數。幾千年來，數學家們只能把實數分成有理數和無理數，劉維爾的發現使實數出現了嶄新的劃分代數數和超越數。

但在劉維爾發現第一個超越數後，數學家一直沒有找到第二個超越數。雖然在數學上，大多數證明定理都比驗證要困難。比如我們可以驗證方程的一個根，只需要把它代入即可，但要解方程就相對困難一些；超越數正好相反，它就好像天上的星星，天文學家只能在幾十上百光年外去觀望，卻無法觸摸，它的建構和驗證都是極難的。不過二十年之後，集合論的鼻祖康托得到了一個震驚的結論——代數數和整數一樣多，都是可數的，只佔有不可數的實數的很小一部分——事實上，這個結論雖然違反人類的直觀認知，卻被證明地天衣無縫。

直到一八七三年，法國數學家埃爾米特證明自然對數的底 e 是一個超越數。一八八二年，德國數學家林德曼證明了圓周率 π 是一個超越數。林德曼的結論讓數學界大吃一驚，他的結果意味著古希臘三大作圖問題中最後一個問題——化圓為方，被徹底解決——這是不可能做出來的。

想要理解這個結論很簡單，首先我們要明確尺規作圖可以做出什麼。在數學中，直尺和圓規有做一條垂直線段、二等分一個角等八種基本作圖方法，複雜的作圖題都是由這八種方法進行合成。如果仔細思考，這八種方法只能對一個數量進行加減乘除（比如延長一個線段到兩倍長度就是乘以２），和開方運算（比如做出一個正方形的對角線）。而加減乘除和開方運算正是丟番圖方程涉及到的全部運算，所以尺規作圖再

強大，也只能處理代數數問題，根本無法解決超越數 π，自然也不能做出包含 π 的化圓為方了。至此，超越數理論成功地為三大幾何作圖問題蓋棺定論。

數學家對超越數的研究源自對丟番圖方程的研究，而對丟番圖方程的研究源自對質數的研究，數學家在超越數的道路上越走越遠，越來越偏離最初的目的——尋找質數的規律，但這並不意味著超越數數論是沒有意義的。在數學的研究上，只有意義大和意義小的區別，不存在絕對沒有意義的學科，更何況數學超前於其他學科發展的，很多現在看來沒有意義，但可能在未來大放異彩。

【TIP 8】

實數可以分為有理數和無理數，也可以分為代數數和超越數。實際上，所有的有理數和小部分無理數是代數數，大多數無理數是超越數。如果用丟番圖方程來定義，我們知道有理數 0.5 和無理數 $\sqrt{2}$ 這樣的數是代數數，因為它們分別是丟番圖方程 $2x-1=0$ 和 $x2-2=0$ 的根；而不管我們怎麼建構丟番圖方程，都無法讓 π 和 e 成為方程的根，這兩個數就是超越數，但這種嘗試的方法無法證明 π 和 e 的超越性，因為我們不可能把所有丟番圖方程都嘗試一遍。

58

懷爾斯的最後一擊
費馬大定理的解決

西元一九六三年夏季的一天，十歲的安德魯・懷爾斯在他家附近的街道上玩耍，炎熱的天氣讓懷爾斯頭暈目眩，他決定到附近的圖書館避避暑——懷爾斯的家在英國劍橋，圖書館隨處可見，這也成為懷爾斯經常「光顧」的地方。

懷爾斯在圖書館百無聊賴，就拿出一本數學書看起來。這本書不需要很深的數學基礎就能看懂，這讓懷爾斯很高興——畢竟對一個十歲的孩子來說，能看懂數學

費馬猜想的終結者懷爾斯。

書是一件了不起的事情。很快，懷爾斯就被其中一道問題吸引住了。

「費馬大猜想：關於特殊的丟番圖方程 $x^n+y^n = z^n$，當 n 是大於 3 的整數，這個方程不存在整數解。」

三百多年來，沒有一位數學家能解決費馬大猜想。懷爾斯心裡琢磨：這個問題看起來太簡單了，我要是解決了這個問題，就能成為厲害的數

學家。想到這裡，懷爾斯也顧不得玩了，他放下書飛奔回家，開始他的「研究」。就這樣，懷爾斯把所有的時間都放在了嘗試證明費馬大猜想上，甚至上課的時候也不聽課了。

結果可想而知，年幼的懷爾斯在費馬大猜想的證明上浪費了整整一年，卻毫無所獲。但這半年的努力讓他明白一個道理：看起來越簡單的猜想，做起來會越難。費馬大猜想不是他這個年齡的孩子能染指的，需要更多更高深的數學知識。不過懷爾斯也堅定了自己的信念，長大了一定要在費馬大猜想上有所斬獲。

解決費馬大猜想信念的火種在懷爾斯的心中從未熄滅，他先後在牛津大學和劍橋大學獲得了碩士和博士學位，還被美國普林斯頓高等研究院聘請為高級研究員，這時的他已經成長為代數數論方面國際頂尖的專家了。但十歲時受挫於費馬大猜想讓懷爾斯一直耿耿於懷，這個猜想什麼時候才能得到解決呢？

費馬大猜想實在太難了，難到全世界沒有人願意去觸碰，幾乎所有的數學家們認為費馬大猜想在近百年內無法解決，甚至如果有人宣稱自己正在研究費馬大猜想，都會被其他數學家恥笑自不量力。在這種悲觀的環境下，一個消息讓懷爾斯感到無比振奮：有的數學家宣稱谷山──志村猜想似乎和費馬大猜想有某種關係。

谷山──志村猜想是幾十年前日本數學家谷山豐和志村五郎研究橢圓曲線時提出的。懷爾斯決定從這裡下手，先證明它能推出費馬大猜想，再證明谷山──志村猜想。這樣就可以證明費馬大猜想了。為了防止其他人干擾，懷爾斯決定隱瞞自己的計畫，只告訴了自己的妻子，而妻子

也成為他唯一的精神支柱。經過七年艱苦的奮戰，懷爾斯終於解決了費馬大猜想，他決定用這個證明來爭取當年的數學最高獎——菲爾茲獎。

當懷爾斯宣布自己成果的時候，國際數學界一片沸騰，數學家們不僅為懷爾斯感到高興，同時也為猜想的最終解決而興奮——畢竟這個問題困擾了數學家三百多年，而且數學家們早已對其喪失鬥志。當懷爾斯的論文分發給其他數學家檢查的時候，各種榮譽也即將紛至沓來，甚至一家高檔製衣公司看上了懷爾斯儒雅的氣質和修長的身材，聘請他當全球形象代言人。菲爾茲獎委員會也在靜靜等待其他數學家檢查的結果，準備在國際數學家大會上把這個獎頒發給懷爾斯。

令人沮喪的是，懷爾斯的證明有若干處錯誤，雖然他成功地彌補了一些，但有一個錯誤實在彌補不了。在媒體聚光燈下，懷爾斯只能承認自己暫時無法解決這個問題。這時，國際數學家大會召開了，由於證明仍然有問題，懷爾斯與菲爾茲獎失之交臂。

在這種情況下，懷爾斯的妻子給了他無限安慰，而懷爾斯的博士研究生查理‧泰勒也加入了證明猜想的隊伍中，終於兩人嘗試了兩百多種方法彌補了這個漏洞，至此費馬大猜想得到解決，更名為費馬大定理，也叫費馬終極定理。

安德魯‧懷爾斯此時已經年過四十歲，超過了菲爾茲獎要求的年齡，為此國際數學家大會特意為他制定了菲爾茲特別獎，以表彰他在費馬大定理證明上的傑出貢獻。同時，懷爾斯還獲得了沃爾夫數學獎——數學終身成就獎。沃爾夫獎的得獎平均年齡在七十歲以上，而懷爾斯是得獎者中年齡最小的，可見他的貢獻之大。

　　在數學研究中，數學家們承受的壓力和不被理解的孤獨比我們想像大得多。數學家的工作和其他工作不同，他們需要長時間的思考和推演，卻收穫寥寥，幾年甚至十幾年可能都不會出現新的進展。這種情況對急功近利的現代社會來說是不能容忍的──在外人看來數學家們什麼都沒有做，因此很多研究機構和大學都為數學家們制定了工作要求，比如要發表多少篇論文，給學生上了多少課等。安德魯・懷爾斯也遇到了相同的問題，在解決費馬大定理之前，他用了大半年的時間整理自己之前的成果，並且把它們寫成十幾篇論文，然後才正式開始工作，每到外界質疑他沒有研究成果的時候，他就發表一篇論文。正是靠著這些「積蓄」，安德魯・懷爾斯才平息了周圍的質疑，把精力投入費馬大定理的證明中。

第七章

代數學的發展

59

輸油管線的問題

最小二乘法

　　某地要建設一根直線形狀的輸油管，給附近的若干個地點傳輸油料，應該怎樣安排輸油管才是最省材料呢？我們可以簡化一下這個問題：在平面上有若干個點，做一條直線滿足這些點，並邊距離是最短的。關於這個問題的解決方法，在幾百年前就已經有了結論，德國數學家高斯和法國數學家勒讓德分別獨立做出了這個結果，這個方法被稱為最小二乘法。

　　最小二乘法中的最小並不難理解，意為取最小。如果平面直角座標系中上有兩個點，這兩個點連線的中垂線滿足到兩點距離最短；如果是三個或者三個以上的點，這個問題就需要利用最小二乘法了，假設平面上有三個點，這條直線一定把這三個點分布在兩側，最單純的想法是取每個點到直線的距離，並且把這些距離加在一起取最小值。但這產生了一個新的問題，有的點在直線的這一側，有的在那一側，在數學上計算距離就會出現有正有負的情況，比如三個點到一條直線的距離分別是3、-1和-2，而到另外一條直線的距離分別是1，1和-1，可以發現，如果按照數學上計算的距離計算，前者之和0小於後者的1，但實際情況

卻是前者距離之和 6 大於後者之和 3。為了解決這個問題，最小二乘法中計算平方後的距離之和，這樣就能保證距離最小了，這裡的二乘就是平方的意思。

和微積分的發明一樣，在最小二乘法的發現上，出現了一場創始人的爭論，爭論的雙方是阿德利昂‧瑪利‧勒讓德和約翰‧卡爾‧弗里德里希‧高斯。高斯是公認的「數學王子」，在整個數學史上有著極高的聲望，而勒讓德也實力超群，當仁不讓。勒讓德是十八世紀法國著名的數學家、巴黎科學院院士、倫敦皇家學會會員。勒讓德在數學上的成果頗豐，在數論、微積分、幾何學等學科有很大的貢獻，是橢圓積分理論的奠基人之一。數學家把勒讓德和其他兩位同時期的數學家：拉普拉斯和拉格朗日一起稱為「3L 數學家」——他們姓氏的第一個字母都是 L。

西元一八〇六年，勒讓德在自己的專著上宣稱自己發明了最小二乘法，看到勒讓德的成果高斯大吃一驚，這個結論自己早在幾年前就做出來了，只是沒有發表。於是高斯整理了自己的成果，在三年之後即一八〇九年也發表出來。照道理來說，一個理論的發明都是以公開發表為準，勒讓德先公布，最小二乘法當然應該算是他的貢獻，可是當時的高斯在數學裡光芒萬丈，儘管他的成果多如牛毛，但很多非法國籍數學家寧可把這個貢獻歸功於高斯，為之錦上添花，也不願承認是勒讓德最初發明的。數學家們在某一個問題上選邊站，這種現象並不鮮見，但勒讓德還是感到很鬱悶。為了平息這個爭論，為自己正名，在一八二九年，高斯提供了一個關於最小二乘法的結論確實優於其他任何一種方法的證明，在數學上被稱為高斯——瑪律可夫定理。

嚴格來說，最小二乘法是計算數學的內容，但在這個方法中，高斯

採用了一種叫做高斯消去法的計算方法，為多元一次方程組提供了機器的證明形式，從此電腦也能根據既定的程式計算線性方程組的根了，這也算是最小二乘法為代數學發展做出的貢獻。現在我們使用的數學專用計算器能迅速求解出多元方程組，就是採用了高斯消去法進行計算的。

【TIPS】

我們可以用一個簡單的例子說明最小二乘法的應用。三個村莊要聯合挖一條直線型的水渠，要求直線到三個村莊距離都比較近，這條直線應該如何確定呢？假設在平面直角座標系中，三個村莊的座標分別為（0，1）、（1，3）和（2，2），這條線應該在三個村莊之間。

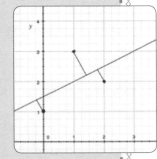

假設這條直線的方程是 y＝kx+b。

首先求出三點橫座標和縱座標的平均值 $x = \frac{0+1+2}{3} = 1, y = \frac{0+3+2}{3} = \frac{5}{3}$，然後根據公式求出

$$k = \frac{\sum_{i=1}^{n} x_i y_i - n\overline{xy}}{\sum_{i=1}^{n} x_i^2 - n\bar{x}^2} = \frac{0 \times 1 + 2 \times 2 + 1 \times 3 - 3 \times 1 \times \frac{5}{3}}{0^2 + 1^2 + 2^2 - 3 \times 1^2} = 0.5$$

，把計算好的平均值 x̄、ȳ 和 k 代入直線方程，求出 b＝1.5。這樣，我們就求出了這條直線 y＝0.5x+1.5

60

計算線性方程組的方法
高斯消去法

　　在數學上，一部分數學家致力於發明新的數學理論和工具來解決問題，而另一部分數學家則把精力放在找到通用的方法來處理問題。比如中國著名數學家吳文俊在幾何的機器證明上有著突出的貢獻。在機器計算的方法上，最值得稱道的是高斯消去法。

　　高斯消去法又稱為高斯消元法，是「數學王子」高斯在解決線性方程組求解使用的一種通法。線性方程組又稱為多元一次方程組，這種方程最簡單的形式 ax+by ＝ c 在平面上表示一條直線，因此得名。這個方法很簡單，只要具備了國小數學的水準就可以理解。

　　我們以這樣一個方程組為例：

$$\begin{cases} 2x+y-z=8 \\ -3x-y+2x=-11 \\ -2x+y+2z=-3 \end{cases}$$

　　先把第一個方程乘以相應的倍數加在第二個和第三個方程上，消掉其中的 x，

得到：

$$\begin{cases} 2x+y-z=8 \\ 0.5y+0.5z=1 \\ 2y+z=5 \end{cases}$$

然後把第二個方程乘以相應的倍數載入第三個方程上，消掉其中的 y，得到：

$$\begin{cases} 2x+y-z=8 \\ 0.5y+0.5z=1 \\ -z=1 \end{cases}$$

接著重複上述過程，用第三個式子消掉第二個式子中的 z，把第二個和第三個式子中的係數變成 1，得到：

$$\begin{cases} 2x+y-z=8 \\ y=3 \\ z=-1 \end{cases}$$

把第二個和第三個式子乘以相應的倍數加到第一個式子，消掉 y 和 z，把第一個式子中的係數變為 1，得到：

$$\begin{cases} x=2 \\ y=3 \\ z=-1 \end{cases}$$

這個方法簡單易懂，只採用了初等數學中的加減消元法，就給方程組的每個方程只留下一個未知數，剩下的都消去了。同時，係數化一以後，方程組的解會直接算出來，非常方便。同時，有的方程組沒有解，

有的方程組有無數個解，都可以透過這個方法判斷。更重要的是，不管線性方程組有多少個未知數，有多少個方程，高斯消去法均能使用。

在實際操作中，高斯消去法往往忽略掉未知數，而是把這些未知數提取出來做成一個方陣——矩陣進行計算，例如本題中的矩陣為：

$$\begin{bmatrix} 2 & 1 & -1 & 8 \\ -3 & -1 & 2 & -11 \\ -2 & 1 & 2 & -3 \end{bmatrix}$$

經過一系列變形後變成

$$\begin{bmatrix} 1 & 0 & 0 & 2 \\ 0 & 1 & 0 & 3 \\ 0 & 0 & 1 & -1 \end{bmatrix}$$

這種計算看起來更簡便，而這些變換方法，被稱為矩形的初等變換。

現在我們的問題是，這種計算方法實在太簡便了，難道這種方法在高斯的年代才發明？實際上，在十七世紀，萊布尼茲在研究方程組的時候就採用了這個方法，而且他採用的是簡化後的，也就是矩陣的寫法，從此以後矩陣變成了數學家們解線性方程組必備的數學工具了，而這個工具也一直沿用到今天。

不過最早採用高斯消去法的也不是萊布尼茲，而是來自中國的數學家們。在西元一世紀成書的《九章算術》中就

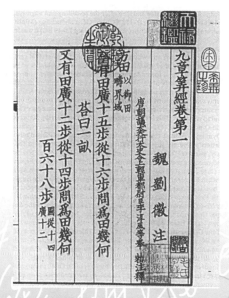

《九章算術》影宋本。

有高斯消去法了，而且萊布尼茲的方法和它完全相同。我們無法猜測萊布尼茲是獨立思考出的這個方法和解題形式，還是參考了中國古老的數學書，但《九章算術》中的記載確實是這樣的。

《九章算術》中的第八章名為《方程》，和現代的名稱一樣，講述的就是關於多元一次方程組的問題。除了高斯消去法解決方程組的解，這本書在世界上首次提出了正負數的概念，並創造了正負數的加減法和乘除法。而在西方，直到一千年後才出現了這種正負數和它們的計算。

《九章算術》共分為九章，第一章名為《方田》，講述了計算各種田地面積的方法和數字的基本運算；第二章《粟米》，講述了糧食兌換需要的比例；第三章到第九章分別講述了開平方和開立方、求體積、工程分配、稅負計算的合分比定理、盈虧問題、方程和畢氏定理。書中的內容深入淺出，全都是圍繞著生產活動相關的數學展開的，《九章算術》代表著中國從周朝到漢朝數學的最高成就，也成為每一個中國古代數學家必須鑽研的著作。

【ＴＩＰＳ】

　　數學家們在發揮他們想像力創造出各種數學分支和研究方法的時候，也在考慮如何將自己的方法程式化，讓電腦也能理解並運算。高斯消去法是目前解決線性方程組最有效的方法，在很多計算軟體甚至科學計算器中，都採用這種方法求解線性方程組。

61

天元術和增乘開方法
一元高次方程的列式和求解

在代數學中，列方程和解方程是兩個重要的命題。在宋元時期，在一元高次方程式的列式和求解上中國就處於世界領先地位了。不過由於古代沒有現代的數學符號，在列式和求解上，古人發明了不同於現在的表示方法——天元術和解題方法——增乘開方法，非常有趣。

根據歷史資料記載，早在十三世紀之前，中國就出現了天元術。但由於戰火連年，關於

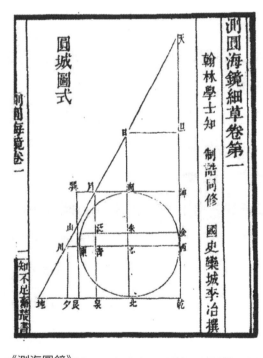

《測海圓鏡》。

天元術的著作都已經失傳。直到西元一二四八年，金代數學家李冶撰寫了《測海圓鏡》中，我們才有機會窺見天元術的真實面目。

現代一元高次方程 $X^3+336X^2+4184x+2488320=0$ 這樣的形式，在天元術中表示成

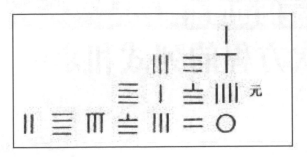

透過這個圖片和方程式，我們可以對應找到兩者之間的關係。

第一，在圖片中只表示方程每一項的係數，而忽略未知數；其次，從上到下的算籌表示了未知數從高次到低次的係數，第一行表示的是 X^3 的係數 1，第二行表示 X^2 的係數 336；第三，為了確定哪個是一次項，哪個數是常數項，採用了「元」字進行標記，表示這一行是 x 的係數，下一行是常數項（也有的典籍用「太」字標記，表示這一行是常數項）；第四，在數字的表示上算籌採用交錯擺放的形式，以數字 3 為例，在 336 中，十位的 3 採用橫向擺放，而百位的 3 採用了縱向擺放，其餘數字也相同，零單獨畫一個圈表示。

有了天元術，中國古代的數學家就能表示所有的高次方程了，但即便是這樣，在語言描述上似乎也有些困難，畢竟 x 的幾次方不那麼容易表達。為了用文字快速地表達出 x 指數冪的形式，李冶沿用了古人的稱謂，把 X^9、X^8……一直到 X^{-9} 分別依次稱做仙、明、宵、漢、壘、層、高、上、天、人、地、下、低、減、落、逝、泉、暗、鬼。這樣在描述方程的時候就變得簡單很多。

列出方程後方程需要求解。一個普通的一元二次方程 $ax^2+bx+c = 0$，可以透過配方變成 $y^2 = d$ 的完全平方的形式，而部分的二次以上方程也可以變成完全 n 次方式，為此，北宋數學家賈憲發明了賈憲——楊輝三角，給出了一個完整的配方過程，這樣解方程的問題就轉化為了對已知數量的開方。

　　對已知數開平方和開立方工作也是由賈憲完成的，他發明了一種叫做增乘開方術的方法，分為增乘開平方術和增乘開立方術，給出一個詳細的開根方法：在平面上擺放商、實、廉和下法四行，商是最後的答案，實是被開方數，廉和下法用於具體的演算過程。南宋的秦九韶曾經利用這個方法，加上自己發明的降冪，甚至最多解過一元十次方程！雖然賈憲的原著已經失軼，但南宋的楊輝把這個方法記錄在自己的書中，並在後世被永樂大典收集，這才保留了下來。

　　在代數學和計算數學方面，古代中國的水準要遠遠高於同時期的其他國家；但在公理化體系的完善和新理論的創新上，卻比西方要弱。和西方人相比，中國人不善於思辨，但擅長演算法，這一方面源自於中國教育模式的問題，也和千年的習慣不無關係。如果把這個特點推廣在科學研究上，得到的結論是中國人更適合做高精尖的產品，而不善於開創發展新的理論，因此有的評論家說，中國未來是美好的，雖然無法按照美國的開拓創新的模式走下去，但可以模仿德國和日本的科技模式，在已有的體系下做到極致。

算盤是中國古代最偉大的發明之一，距今至少有兩千六百年的歷史。從結構上看，算盤和算籌的計數方法相同——把珠子或者木棍分成兩部分，一部分每一個珠子和木棍代表１，另一部分每一個代表５。不同的是，算盤把計算時的進位規則編成了口訣，方便了使用者，同時也使算盤變得更加普及。如果不用真實的算盤，而在心裡思考一個算盤並且進行珠算，就是珠心算了，儘管珠算已經不再是數學教學大綱中要求的內容，但目前很多少兒教育機構都開設了珠心算課程，致力於提高少兒的記憶力和思維能力。

62

朱世傑和四元術

四元四次方程組的求解

　　十三世紀末期，揚州來了一位教書先生。和其他教書先生傳授讀書寫字、唐詩宋詞不同，這位先生教授的是數學。在當時的年代懂數學的人鳳毛麟角，雖然普通人用不上數學，但富庶的江南地區大戶很多，一些條件好的貴族公子百無聊賴，也來學習這個新鮮玩意兒。這位先生就是宋元時期四大數學家之一——朱世傑。

　　朱世傑，字漢卿，元大都（今北京）人士，是元朝著名的數學家。和他並稱的其他三位宋元時期的大數學家賈憲、楊輝和秦九韶都是朝廷官員，而朱世傑卻只是一介草民，沒有任何的政治地位，但這毫不影響他宣傳自己的數學知識，因為朱世傑就是以傳授數學知識為職業。

　　朱世傑最突出的貢獻是發明了四元術——四元四次方程組的解法。在朱世傑之前，秦九韶等人已經解決了部分一元高次方程的求解問題；而在秦漢時期，《九章算術》中也完美解決了多元一次方程組問題，朱世傑把它們結合起來，建構起難度更大的四元四次方程組。

　　方程中的未知數叫做「元」，未知數的指數叫做「冪」，四元術的主要思想是降冪降元：把四元四次方程組先變為三元三次方程組，然後

用同樣的方法變為二元二次方程組，最後變成簡單的一元一次方程進行求解。

朱世傑的算籌擺放方法和天元術不同，他採用了「天」、「地」、「人」和「物」來表示未知數，並且在常數的上、下、左、右分別擺放算籌，經過一系列程序進行旋轉草圖和擺放，最後獲取答案。

朱世傑在《四元玉鑑》中記錄了七個四元四次方程組的問題，雖然每個問題都用四元術解決，但其中的解題過程卻不甚詳細，以致於後世的數學家們知道四元術的大意，卻不知道當年朱世傑是如何進行具體運算的，這就讓清朝的數學家沈欽裴和李善蘭等各執一詞。

四元術是中國古代代數學發展的最高水準，一方面，在此之後中國開始了閉關鎖國，斷絕了與外界的大多數溝通，無法吸收到先進的數學思想；另一方面，同時代的本土數學家們也沒有為此進行進一步的研究。

究竟是什麼原因呢？數學史學家認為，古代中國代數在四元術之所以戛然而止，是因為這個方法需要在平面的上、下、左、右分別擺放算籌，如果多出一個未知數和次數，在平面上無法放

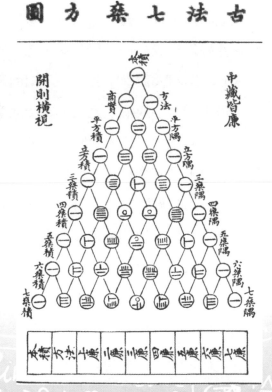

朱世傑《四元玉鑑》卷首的「古法七乘方圖」。

置，所以最多也只能發展到四元四次方程了。

可喜的是，四元術隨著《四庫全書》被保留了下來，而朱世傑先生也在二十多年的教書生涯累積了不少財富。

有一個流傳已久的故事就能說明這個問題，某天朱世傑在揚州的居所中鑽研《九章算術》，突然聽聞院外有大罵和哭聲。出門一看原來是一個妓院的老鴇正在打一個剛被賣身的年輕姑娘。

朱世傑趕忙上去阻止，卻被老鴇嘲笑。

老鴇諷刺道：「這個姑娘是我花錢買來的，和你一個窮教書先生有何相關？你想管也得看看自己有沒有錢。」

老鴇認為站在她面前的只是一個普通的教書先生，沒有幾個錢，正想藉此嘲諷一番。朱世傑卻問起了為姑娘贖身的事情。於是老鴇不以為然地開出天價——五十兩銀子。沒想到朱世傑很輕鬆地掏出了五十兩銀子，把姑娘贖了出來，讓老鴇目瞪口呆。

後來，朱世傑和那位姑娘喜結連理，並把四元術傳授給她。一時間，這件事在揚州城成為佳話，而至今在西湖畔還流傳著關於朱世傑的歌謠。

從古希臘貴族奴隸主數學家，到文藝復興時期家境優越不用工作的數學家，從中國古代地方官員數學家，再到美國華爾街的金融數學家，雖然經濟條件優越不是研究數學的必要條件，很多數學家過著窘迫的生活也取得了豐碩的成果，但不可否認的是，衣食無憂對鑽研數學有積極作用，畢竟不用考慮錢的問題，就可以把更多的精力放在思考問題上。

國外數學界對朱世傑的《四元玉鑑》評價很高，因為這本書不僅集合宋元數學大成，更借鑑了中國古代數學的全部成就，成為中國古代數學的巔峰之作。科學史學家喬治‧薩頓說，《四元玉鑑》是中國數學著作中最重要的一部，也是中世紀最傑出的數學著作之一；而科學史大家李約瑟更深諳中國科學發展，李約瑟說，朱世傑之前的數學家們都沒能達到他和這本著作中的水準。

63

矩陣和行列式

在遠古時期，伏羲在上天的幫助下一統天下。

一天，從黃河中飛出一匹神馬，馬背上刻著一張無比玄妙的圖案，稱為河圖；與此同時，在洛水中浮上一隻神龜，龜背上也刻著一張暗藏玄機的圖案，稱為洛書。

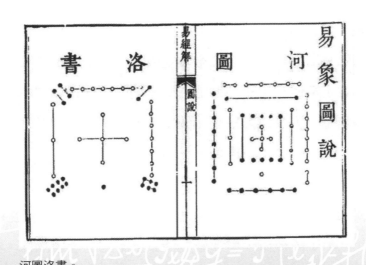

河圖洛書。

伏羲深感河圖和洛書的神奇，於是深入研究，發明了八卦。

根據史學家考證，河圖和洛書實際上是一個流傳已久的數學遊戲：幻方。幻方是一個由九個中等大小的正方形拼成的大正方形，每個中等正方形又由九個小正方形拼成，即大正方形由 9×9 的小正方形拼成。在小正方形中已經有一些數字，遊戲者需要在剩下的空格裡填寫數字，要求大正方形的每一行和每一列的九個格，每一個中等大小正方形內九個格，都包含 1~9 這 9 個數字。

中國數學家從幻方中找到靈感，發明了矩陣。

矩陣在數學中首次應用是《九章算術》中對線性方程組的求解。這本成書於西元一世紀的數學著作在歷史上首次採用了忽略未知數，把數字寫成表格，即矩陣，然後利用高斯消去法解決線性方程組。不過很可惜的是，歐洲數學家並沒有從《九章算術》看到矩陣，在十七世紀之後又重新發明了一遍。

歐洲數學家在研究線性方程組的時候，把係數和常數項提取出來，組成一個矩陣，這個矩陣被稱為增廣矩陣；而單獨由係數形成的矩陣為係數矩陣。數學家們利用和高斯消去法相同的矩陣初等變換，把矩陣轉化成每一行和每一列，最多只有一個 1，剩下都是 0 的形式，提出矩陣的秩的概念，透過分析增廣矩陣和係數矩陣的秩，判斷方程組是否有解。

但即便是這樣的計算也太麻煩了，於是數學家們把矩陣的括弧寫成兩個分隔號，這樣就形成了行列式，透過研究行列式來判斷矩陣的性質。行列式看起來和矩陣很像，但卻是兩個完全不同的數學物件，首先，行列式要求行數和列數相同，而矩陣則沒有這方面的要求；其次，行列式

透過一些計算規則等於一個數，但矩陣只是一個數表。

按照這樣的邏輯，應該先出現矩陣，再出現行列式，但真實的情況恰恰相反。如果不考慮在西方流傳不廣的《九章算術》，第一個出現的竟然是行列式。西元一六八三年，日本數學家關孝和寫下了世界上第一個行列式，十年之後，萊布尼茲也發明行列式，沒有資料顯示兩位數學家之間有過溝通，所以這兩人都被認為是行列式之父。

幾十年以後，數學家克萊姆發明了線性方程組是否有根的克萊姆法則。而在行列式誕生一個多世紀以後，高斯發明了高斯消去法。矩陣誕生的工作是英國人完成的，數學家希爾維特斯首先使用了矩陣（Matrix）這個名字來表示這個數字的表格，而凱利也完成了矩陣理論的奠基工作，從此矩陣做為一個獨立的數學物件，脫離了線性方程組走上了獨立發展的道路。

矩陣的應用很廣，在影像處理領域，電腦科學家們使用矩陣實現對圖像的變換，也叫做濾鏡，就廣泛使用了矩陣。他們把圖像先轉化成資料，然後乘以一個矩陣，所乘矩陣的不同，最終得到的圖像效果也不一樣。在量子力學中，海森堡提出的量子力學模型中，就使用了無窮維度矩陣（可以理解成行和列數量是無窮的）來表示量子態的運算元。現在，矩陣已經成為高等數學中一個最基本的內容，是每一個接受高等教育的學生必須學習的數學工具。

在歷史的發展中，出現過很多不符合邏輯的發展規律，行列式比矩陣更早出現，對數表示比指數表示更早出現，這樣的例子不勝枚舉。可見，科學的發展有其規律性。從低到高，從簡單到複雜，從直觀到抽象，

是科學發展的整體規律，但對某一個具體的物件來說就不一定了。

【ＴＩＰ８】

關於三階行列式的計算公式為：

$$\begin{vmatrix} a^{11} & a^{12} & a^{13} \\ a^{21} & a^{22} & a^{23} \\ a^{31} & a^{32} & a^{33} \end{vmatrix}$$

$=a^{11}a^{22}a^{33} + a^{12}a^{23}a^{31} + a^{13}a^{21}a^{32} - a^{13}a^{22}a^{31} - a^{12}a^{21}a^{33} - a^{11}a^{23}a^{32}$

若要計算行列式

$$\begin{vmatrix} 0 & 1 & 4 \\ 1 & 2 & 1 \\ 1 & 1 & 0 \end{vmatrix}$$

$=0\times2\times0+1\times1\times4+1\times1\times1-1\times2\times4-1\times1\times0-1\times1\times0=-3$

64

基、向量和空間

線性代數

「空間」一詞是數學中出現頻率很高的概念，一般來說，空間指的是滿足某種條件，且定義了某種運算的數學物件組成的集合。現在「空間」的概念已經發展到了非常抽象的程度，橫跨代數、幾何、分析和機率四大數學學科，抽象的程度很高，似乎可以包羅萬象了，但最開始空間的概念卻很簡單很好理解，它來自於對矩陣和線性方程組研究而產生的學科——線性代數。

看看自己的身邊，你所在的書房、圖書館或者其他什麼地方，就是一個空間，但如果你忽略周圍的牆壁、遠處的高樓和你看不見的遙遠的山脈，你可以認為自己生活在地球的空間中。

在笛卡兒創立的空間直角座標系中，確定了原點和幾個座標軸的方向，用三個數形成的一個座標來表示蜘蛛在空間中的位置，但如果把原點和軸的方向換到別的位置，座標就會發生變化。座標如此依賴座標系，座標系的本質是什麼呢？

牛頓從兩千多年前的哲學家亞里斯多德那裡得到了靈感，用向量表示座標系。

向量是一種既有長度又有方向的線段，在物理學中很多物理量都要表示成向量，比如力和速度，既有方向也有大小。

　　座標軸的本質是三個不共線的向量 a、b、c，任何一個空間中的位置都可以用這三個向量線性表示，比如 2a+3b-5c 就表示了一個位置，在建立了 a、b、c 的前提下，我們就用（2、3、5）來表示這個位置，這就是座標。座標依賴於預先取得的三個向量，如果取了另外一組 a、b、c，就會得到另外一組座標。那麼這三個不共線的向量就是空間中最基本的三個向量，所以被稱為基底，簡稱基。

　　有了基底這個概念，數學家就可以建構任何一個抽象的物件。不管真實存在的二維空間和三維空間，還是我們無法感知的四維空間，只要選好了一組最基本的基底，任何一個數學物件都可以建構出來，而這些物件就組成了空間。這時，空間已經不是最初我們熟悉的周圍的空間，而變成另一個高度抽象的數學概念。

　　那麼矩陣和空間有什麼關係呢？

　　如果我們考慮三個 1×3 的矩陣：A=（1，0，0），B=（0，1，0），C =（0，0，1），會發現任何一個形如（a，b，c）的 1×3 的矩陣都可以由它們表示出來，比如（2，3，-6）=（2，0，0）+（3，0，0）-（0，0，6）= 2（1，0，0）+3（0，1，0）-6（0，0，1），即這個矩陣可以表示成 2A+3B-6C 的形式，A、B 和 C 就是一組基底，而（2，3，-6）就是在這組基底下的座標。

　　這樣，A、B 和 C 就可以建構 1×3 矩陣的空間了，而 A、B、C 和它建構的矩陣，我們也都按照之前的說法稱為在 1×3 矩陣空間中的向量。

向量已經被推廣到了極致，它開始有意識地替代那些陳舊的知識。

西元一八三四年的一天，愛爾蘭數學家漢米爾頓和他的妻子在都柏林的一條河岸散步，他突然靈感大發創造了四元數，一時間解決了數學界的很多難題，但好景不常，隨著線性代數的發展，漢米爾頓和他的四元數已經很少被人提起，漸漸被適用範圍更廣的向量替代了。

線性代數中最核心的內容，是透過研究向量空間來研究矩陣和線性方程組。要知道，在抽象的向量空間中，內容是很匱乏的，比如一個普通的向量有長度，但矩陣空間是沒有長度的。如果要研究它還需要其他的概念，如果在向量空間中加入長度的概念，就成為賦範向量空間；再加上角度，就變成了我們周圍的空間——歐幾里得空間——既有角度也有長度。

做為最簡單的代數學，線性代數是通往其他代數學的必經之路，從線性代數開始，數學開始走向抽象，數學家們用這些抽象的概念來描述我們無法感知，但邏輯上確實存在的世界，從此基、向量和空間都不再是之前最直觀、最簡單的形式了。

我們周圍的空間有著長、寬、高、距離和角度等概念，但在數學中，空間是指很多同類的數學物件組成的一個集合，除了這些物件以外，空間中什麼都沒有。數學家給這些空間規定了長度、角度和元素之間的運算規律，然後對這些空間進行研究。可以發現，我們所處的空間只是數學家研究所有空間的一種——歐幾里得空間。儘管廣闊的宇宙充滿了未知，而人類的感知能力也很有限，但這些因素並不能束縛數學家的思維，不管是遠在百億光年外的空間，還是小到攸米以下的弦論，只要符合邏輯，數學家們都可以建構、研究並理解它們。

65

多項式代數的用途
幾何定理的機器證明

在數學中，空間的概念就像一個大筐，不論是普通的向量還是矩陣，甚至抽象的函數和幾何圖形，幾乎所有的數學物件都可以往裡裝。對多項式來說，自然也可以用空間來建構，而這種空間就叫做多項式空間；研究多項式空間的代數就是多項式代數。

如果觀察一個三次多項式的結構 ax^3+bx^2+cx+d，會發現它是由 X^3、X^2、X 和 1 四個物件表示的，而且這四個物件互相之間也無法透過加減表示，如果看成向量，會發現它們實際上是四維空間的一組基底，任何一個三次多項式都可以用這組基底來表示。同樣，如果建構一個四次多項式，則需要五個向量構成的基底，這樣多項式空間就建構出來了。

長久以來，多項式代數一直是代數學家的好夥伴。數學家在建立線性代數理論的時候，不免要接觸那些四維、五維甚至更高維度的空間，這些空間過於抽象，無法用現實的例子解釋，這給數學家驗證自己的成果帶來了難度。多項式既直觀又方便，只需要在紙面上計算，同時還可以建構任意維度的空間，很快就成為代數學家的新寵。但隨著線性代數和近世代數理論的完成，多項式代數似乎要退出歷史舞臺了。但數學家

們發現，多項式代數在幾何定理機器證明中有著重要的作用。

電腦發明以後，數學界和科學界都發生了翻天覆地的變化。從代替人類進行複雜的科學計算，到模擬各種環境進行試驗，從軟體滿足人類的各式各樣需求，到硬體不斷升級突破摩爾定理，電腦越來越智慧，作用也越來越大。現在一個普通手機中處理器的計算能力都要遠遠強於美國登月時用到的所有電腦，但實際上，電腦仍然只能按照人的指令進行工作，無法形成自己的思維。讓電腦能獨立「思考」，這是電腦科學中一個重大的課題——機器學習和人工智慧。

數學家們認為，要讓電腦具備類似於人的思維，首先要讓機器證明幾何定理。在這裡，幾乎退居次位的多項式代數派上了用場，煥發了它的第二春。在幾何定理的機器證明領域，最權威的是中國著名數學家，中科院院士吳文俊。

西元一九四九年，吳文俊從法國獲得博士學位，當時他的研究方向是代數拓撲。回國後，他在極度艱苦的環境下，在示性類和示嵌類上做出了突出的貢獻，在拓撲學上，有以他名字命名的概念和公式，比如吳示性類和吳公式，美國數學家應用吳文俊的結論在世界性難題——龐加萊猜想上取得突破性進展，在五〇年代和六〇年代的菲爾次獎得主很多都是受到吳文俊的啟發，用到了他的結論。甚至吳文俊的結論也被應用在電路設計中，以簡化驗證過程。在近花甲之年時，吳文俊開闢了新的研究方向，他利用多項式代數為例子，結合了代數拓撲、偏微分方程等數學學科，創造性地解決了讓電腦自動證明幾何定理的問題。

在吳文俊之前，幾何定理的機器證明進展甚微，這種被動的局面讓

很多數學家知難而退，而吳文俊幾乎靠一己之力扭轉了這個學科不利的局面。現在各種設計領域廣泛使用的 CAD 軟體中就包含著吳文俊的成果，甚至每個版本的軟體中都有用吳文俊命名的套裝軟體。

吳文俊的成果是中國在數學界上最大的成就，因為他的工作，很多數學家在幾何定理的機器證明上看到希望，紛紛投入到相關研究中，力求在人工智慧和機器學習領域獲得更大的成就。

【TIP 8】

吳文俊院士才華橫溢，更顧全大局。在數學研究中，他並不固執地守著自己已經研究半輩子的方向，而是根據中國數學發展的需要進行調整。當國家需要發展電腦數學時，年近花甲的他本應退居次位，卻迎難而上，做出了震驚世界的成績——機器的幾何證明，而在耄耋之年，在精力有限的情況下，他又投入數學史的研究中，取得了很多成果。國家建設需要數學、物理等學科的支援，類似於吳文俊院士這樣「解決國家之所需」的數學家和物理學家還有很多，從某種意義上說，他們為中國貢獻的不僅是自己的研究成果，更是自己的聰明才智和整個生命。

66

方程的根有什麼特點

奇思妙想的近世代數

　　近世代數，又叫做抽象代數，是線性代數之後更高層次的代數學，現代所有代數學都是在這種代數學的基礎上發展而來的。近世代數可謂是「人如其名」，誕生時間很短，只有不到兩百年的歷史，同時以深刻抽象的數學性質著稱，而這種「抽象」恰好為數學家提供了一個的解決工具。

　　近世代數的創始人是法國青年數學家埃瓦里斯特・伽羅華，生於西元一八一一年，十六歲開始專業學習數學。我們都知道，二次方程、三次方程和四次方程都有求根公式。在十六世紀，這些公式就已經被義大利的數學家們掌握了，但五次和五次以上方程的求根公式一直沒有結論，又過了兩百多年，挪威數學家尼爾斯・阿貝爾才採用了一個奇妙的方法證明出五次方程沒有求根公式，不過由於阿貝爾當時名聲並不大，直到去世之前不久，他的結論才被其他數學家得知。和他同時期的伽羅華運氣更不好，他的結論直到死後才被承認。不過這位更年輕的數學家的成果影響更大，在研究代數方程是否有解的時候，他提出了一個深刻的概念——群論，從根本上證明了五次（含）以上方程沒有求根公式的

問題。

　　我們以五次方程為例介紹伽羅華的證明思想。伽羅華把高次方程的根放在一個集合中，並且定義一個運算，這樣幾何中的元素之間都可以用這樣的符號連接。在這裡，運算既不是加減法，也不是乘除法，而是一個抽象的計算形式。對於這個運算，伽羅華做出了以下規定：

伽羅華。

　　第一、這個集合對於這個運算是封閉的，並且運算結果唯一，也就是說，在集合中隨便找到兩個元素 a、b，ab ＝ c，c 也是這個集合的元素，並且是唯一的。

　　第二、運算滿足結合律。這條的意思是，如果在集合中找到任意三個元素 a、b、c，那麼就有（a·b）·c ＝ a·（b·c）。

　　第三、存在單位元和逆元。單位元 e 是集合中一個特殊的元素，它和集合中的任意一個元素運算，都得到這個元素本身，用字母表示為 e·a ＝ a·e ＝ a；逆元則對應著集合中的每一個元素，對於任意一個元素 a，均有 b·a ＝ a·b ＝ e，其中 b 就是 a 的逆元。

　　很明顯，在實數集中，不管是加法還是乘法都滿足前兩條，因為實數中隨便取兩個數經過加法和乘法後得到的數字還是實數，並且結論唯一；同時加法和乘法符合結合律。但第三條就不那麼好驗證了，如果我們考慮實數上的加法，很明顯數字 0 是實數集在加法下的單位元，而一個數的相反數就是這個數的逆元；如果我們改為考慮實數上的乘法，則

發現 1 是實數在乘法下的單位元，而一個數的倒數是這個數的逆元。

伽羅華把滿足以上規律的集合稱為在運算下的群，而關於群的理論就是群論。因為實數集在加法和乘法下都滿足伽羅華的定義，所以它們都可以看成是群，同樣也適用於群論。由於高次方程組的係數和解都在實數集中，同時這些數字用加法和乘法連接，所以對解的考慮就可以轉化對解組成的群的研究。透過簡單的證明，伽羅華發現，五次和五次以上方程的根所在的群是不可解群，也就是說五次和五次以上方程沒有求根公式。

對當時的數學家來說，伽羅華的思維實在太超前和宏觀了，充滿了奇思妙想。

在此之前，即使是用矩陣解決線性方程組，也只是把它們的係數和常數項提取出來進行研究，數學家們從來沒想過脫離方程本身的形式和數字進行求解。

而伽羅華甚至連之前的結論全都捨棄，憑空從另一個世界抓出了這個工具，漂亮地解決了困擾數學家多年的問題。

伽羅華完成抽象代數中群論構造的時候只有十八歲，他自信滿滿地把這篇論文投稿給法國科學院，沒想到卻被負責審稿的法國數學家柯西給弄丟了。

接下來，伽羅華經歷了人生中多次的變動，甚至先後兩次入獄，最後，這個天才青年數學家因為與他人決鬥而死去，年僅二十一歲。伽羅華是被上天嫉妒的天才，他用短短幾年的數學研究留給了後人了一泓清泉，而迄今為止，泉水還不斷從泉眼中留出，毫無乾涸的跡象。

關於抽象代數中的運算我們可以用一個簡單的例子說明，比如在集合A中有兩個元素0和1，常規的想法是它們相加是1，它們相乘是0。但如果忽略掉數字，把0和1的加法結果定義為0，乘法結果定義為1也未嘗不可。這裡的運算就不是常規的加法和乘法了，而是我們發明的一種運算，當然，我們也可以發明1和0相加為1，相乘為0，這正是我們平時使用的加法和乘法運算。近世代數正是用這種抽象的定義方式對數學結構進行研究，不僅能包含我們現在使用的初等代數學，而且也能包括我們未知的各種符合邏輯的代數學。

67

群、環和域

　　近世代數中的所有內容都是圍繞著三個代數結構展開的，這三個代數結構就是群、環和域。我們已經瞭解了群的定義，那麼另外兩種代數結構又是什麼意思呢。在這裡有兩個非常重要的概念，其中一個是半群，所謂半群，就是滿足群的一般的條件。我們知道群的定義有三條：分別是封閉性、結合律以及單位元和逆元。如果一個代數結構只有前兩條封閉性和結合律，則這種代數結構就為半群。

　　在伽羅華剛開始接觸數學的時候，稍微年長一些的挪威青年數學家阿貝爾就已經在研究五次方程求根公式的問題了。

　　阿貝爾西元一八○二年出生在一個叫做芬德的小村莊，他家境貧寒卻刻苦好學，在數學上顯示出極大的天賦。阿貝爾十九歲的時候，他得到中學老師霍姆伯厄的資助到奧斯陸大學學習。由於阿貝爾的父母在他上大學之前就去世了，所以整個家裡七口人都要靠著阿貝爾賺錢來養家，儘管阿貝爾沒有時間真正聽幾堂課，但他還是憑著自學掌握了當時歐洲大多數數學教材，熟悉從牛頓、歐拉、拉格朗日和高斯等數學家的全部成果。

阿貝爾二十一歲的時候，證明了五次方程沒有求根公式，這個在數學上被稱為阿貝爾──魯芬尼定理。阿貝爾覺得這個成果很重要，但他急需要得到其他數學家的肯定，只能在非常窘迫的情況下，自費印刷論文，為了省錢，這篇論文只有六頁。不幸的是，收到論文的數學家們要嘛看不懂，要嘛認為這個問題不可能由這麼年輕的數學家做出來，於是把論文丟掉了，其中就有著名數學家高斯。

阿貝爾。

終於在朋友的幫助下，阿貝爾得到了政府的資助，獲得去法國學習數學的機會，但在那裡他並沒有得到重視，自己潛心寫下的論文也被柯西弄丟了，而泊松、傅立葉和勒讓德這些數學家們年事已高，變得保守陳腐，對年輕人的工作根本不重視。

在法國得不到機會，阿貝爾只好返回挪威。

阿貝爾總算在軍事學院謀求了一個教授數學和物理的職位，有了穩定的薪水，開始了在橢圓曲線和函數論上的研究，但好景不常，阿貝爾在巴黎的時候染上了肺結核，他的身體越來越差，家庭負擔還很重，最後終於累倒了。在這種情況下，阿貝爾的朋友們還在不不懈努力著，為他爭取更好的研究環境和生活環境，但不幸的是在西元一八二九年，年僅二十七歲的阿貝爾在貧病交加中去世，而在他死後的第二天柏林大學數學教授的聘書才郵寄到他的家中。

在他死後的幾年，數學家們才發現他研究內容的深邃和偉大，而其中研究方程的方法，甚至和伽羅華的採用的方法不約而同。為了紀念這位早逝的數學天才，數學家們把交換群——群中的任意兩個元素可以交換運算，即 $a \cdot b = b \cdot a$，稱為阿貝爾群。

阿貝爾群正是環和域的另一個重要特點。在這裡我們有了足夠的數學基礎去定義環和域了。一個集合上定義兩種運算，一種和這個集合組成阿貝爾群，另一個組成半群，這就是環；而一個集合上定義兩種運算，一種和這個幾何組成阿貝爾群，另一個除去單位元後能形成一個阿貝爾群，兩種運算滿足分配律。這樣的代數結構叫做域。環和域雖然也是抽象的代數結構，但我們也能在數學中找到符合的例子，比如對有理數數集來說，它在加法和乘法這兩個運算中就是域。

史學家在考證阿貝爾生平的時候，曾經對其遭遇進行了詳盡的分析，到底是哪一個人導致了阿貝爾的悲劇。如果說當時年富力強的柯西和高斯等人工作繁忙，沒有時間研究一個默默無聞的年輕人寫的論文，那麼責任就應該落在了勒讓德身上。當時的勒讓德年事已高功成名就，有更多精力培養年輕的數學家，同時他也一定明白，自己研究的領域已經到了一個瓶頸，需要新的理論，而阿貝爾的論文就是這個新理論的突破口。

令人無法理解的是，阿貝爾的論文勒讓德並不是一點也不關注，當數學家雅可比做出了一個結論向勒讓德請教的時候，勒讓德告訴他這個結果已經被阿貝爾做出來了。雅可比聽聞阿貝爾已經因病去世，質問勒讓德為什麼不給阿貝爾機會的，勒讓德竟然左顧右盼言他。由此看來，

任何一個守舊勢力都有懼怕改革的特點。不過，舊的總會過去，新的也總會到來，只要有價值的理論，終將會在某一個時刻大放光芒。

【TIP8】

　　群在晶體的研究中有著重要的作用。晶體是原子和分子按照某種規律排列，有明顯衍射圖像的物質，生活中常見的冰、鐵、食鹽等都是晶體，雖然晶體有很多，但它的結構，或者說排布規律卻不多，物理學家利用群論進行計算後發現，晶體一共只有三十二種排布方法。

68

代數的集大成

泛代數

人們越來越明白，科學研究上不存在一個包羅萬象的理論，任何一個新理論都會有其侷限性，當發展到某種程度的時候，就會有更新、更廣闊、更普遍適用的理論來包括它，數學也不例外。數學史上這樣的例子比比皆是，從歐幾里得幾何到黎曼幾何，從黎曼積分到勒貝格積分，而愛爾朗根綱領也把各種幾何放在一起進行研究。儘管數學家們對伽羅華和阿貝爾的理論沒有完全參透，但這並不影響他們試圖找到比近世代數更普遍的代數。

在對近世代數的研究上，數學家們發展了很多嶄新的概念，在群論中，發展出子群、交換群等基本概念，同時挪威數學家索菲斯・李創新性地把群的概念和幾何中的流形結合，形成研究李群的李代數。

艾米・諾特。

在環論中，數學家發展出「理想」的概念，其中，德國女數學家、有「代數女皇」之稱的艾米・諾特在環上做了很多的工作。諾特西元一八八二年出生在德國愛爾朗根的一個知識份子家庭，父親也是一位傑出的數學家，當時大學裡不允許女性註冊學籍，但因為諾特的父親在大學裡工作，所以諾特有了旁聽的資格。由於她天資聰穎，認真刻苦，教授破例讓她跟著男生一起考試。在父親的支持下，一九〇三年諾特通過了全部的考試後，然後到哥廷根大學旁聽。當時的哥廷根大學大師雲集，數學界的無冕之王希爾伯特、拓撲學的大師克萊因都在哥廷根大學任教，諾特在這裡獲得了更多的數學知識，也堅定了自己的數學道路。

　　這時父親寫信給諾特，告訴她愛爾朗根大學現在允許女生註冊，於是她回到愛爾朗根大學，註冊攻讀了博士學位。一九〇七年，諾特成為世界上第一個女數學博士。從此，諾特就可以名正言順地進行數學研究了，並且取得了很多有益的成果，而她的學生范德瓦爾登在她的教導下，也成為著名的數學家。

　　在諾特的所有成果中，最重要的是證明了諾特定理：對於每個局部作用下的可微對稱性，存在一個對應的守恆流。這個定理的意思是說，物理運動定律有對於空間平移的不變形。比如物體在空間運動，能對應著動量守恆定律，而對於時間的變化，能推出能量守恆定律。

　　域論的發展比較緩慢，雖然伽羅華和阿貝爾在近世代數的創始時期就開始有意識地使用這個理論，但直到一九一〇年，施泰尼茨才建立起域論的體系。在他名為《域的代數理論》的論文中，域的公理化體系最終被建立起來，很多伽羅華和阿貝爾的數學思想才再次進入數學家們的

視野，產生了素域、域擴張等概念。

既然數學上不存在絕對普適的概念，那麼關於群、環和域的理論之後一定會有一個更廣泛的概念，這個概念就是泛代數。

和群論、環論和域論不同，泛代數致力於研究所有的代數結構，而不是單獨的一種代數。由於目前群論的發展比較完善，所以大多數的工作都圍繞著群論來做。在泛代數中，數學家們不單純地考慮某個群是不是阿貝爾群，或者某種代數是不是滿足結合律的結合代數，他們把代數中所有定義的運算放在一個集合中，研究這個集合的結構。

在泛代數的集合裡，根據作用物件不同，運算被分成了三種形式：無元運算、單元運算和二元運算。無元運算指的是不需要依賴物件的運算，即不管找到哪些物件進行運算，都能得到一個常量，比如在數集中，不管對哪一個數乘以 0，最終的結果都是 0；單元運算只需要一個物件進行運算，比如把一個元素和一個單位元進行運算，得到的還是這個元素本身。最後的二元運算就是常見的群上定義的運算了，比如在數集上定義一個加法，兩個數不一樣，結果也不一樣。

代數學發展到目前，已經遠遠超出數學家對它的預期，從研究方程式有沒有根，到表示一個複雜的空間，再到判斷晶體的結構，無處不用到代數學的理論。但我們也要清醒地認識到目前代數學發展並不均衡——在群上研究得多，但在域上成果很少，根據水桶理論，只有數學家對域有更多的認識，補上這塊水桶的缺點，泛代數才能有更大的發展。

　　和近世代數相比，泛代數更加抽象，涵蓋的範圍更廣。我們可以說初等代數學是近世代數的一種特殊形式，而近世代數又是泛代數的一種特殊形式，數學家們從近世代數中各種數學物件中找到了共同的線索，發展出泛代數，有可以用泛代數的結論來驗證抽象代數的正確性。在目前數學的基礎框架下，泛代數已經是代數學的終結，也是所有代數的起源。如果要找到比泛代數更普適的代數學，就一定要突破目前以集合和映射為基礎的數學基礎框架，但目前看起來是不可能的，更沒有必要，畢竟現在的數學研究中還有很多工作值得去做。

第八章

概率與統計學的發展

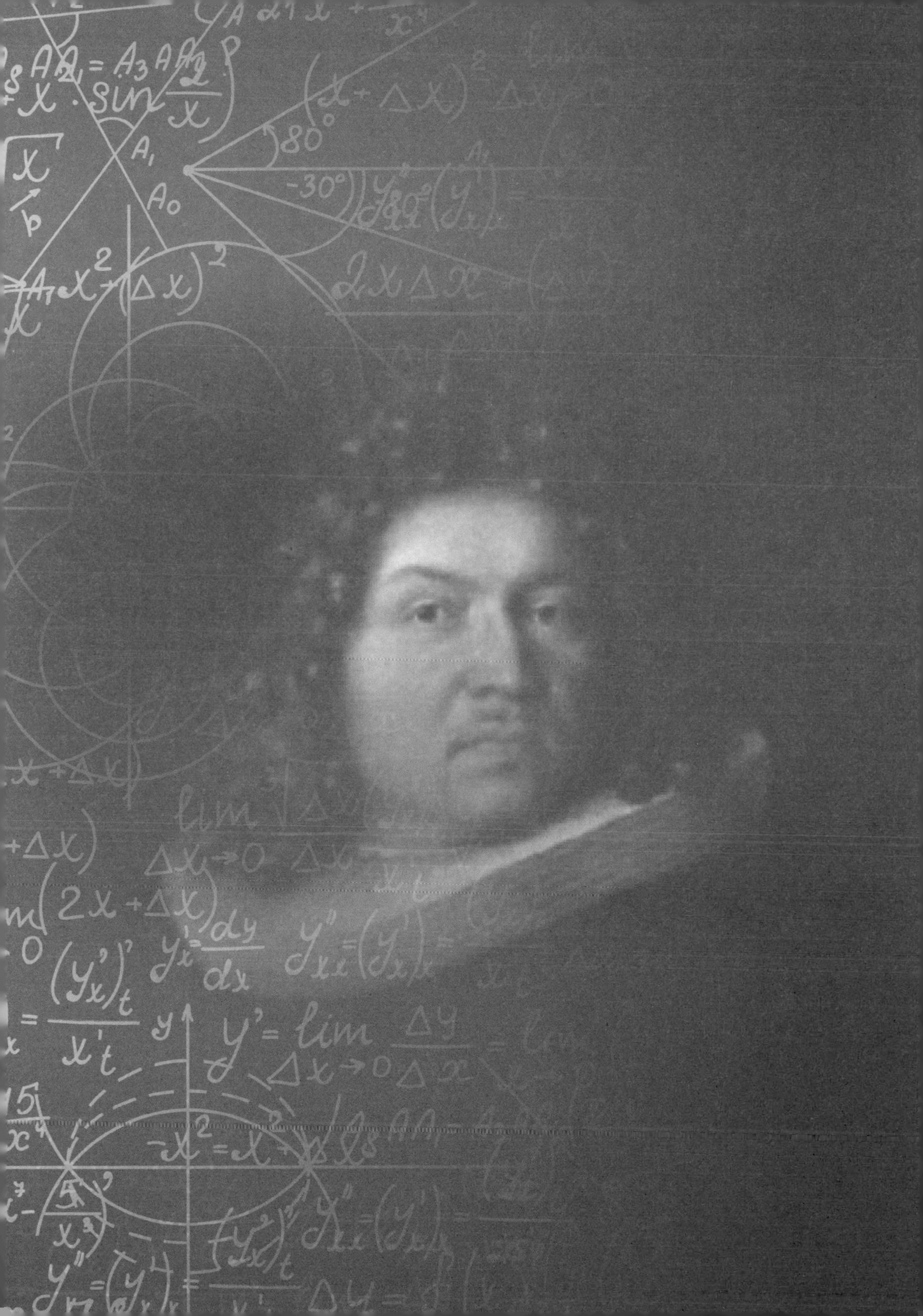

69

賭徒的難題

古典機率的誕生

　　十六世紀，在法國的一個小酒館中坐著兩個賭徒。時已夜深，周圍的人都已經回去了，但這兩個賭徒仍然沒有要回家的意思，這讓酒館的老闆很不高興，他催促著這兩個賭徒趕快回家，自己也好打烊休息。

　　但這兩個賭徒仍然沒有回家的意思。

　　賭徒們每人拿出七個金幣做為賭資，並制定好規則：一共玩七局紙牌，贏的局數多的人就可以拿走兩個人共十四個金幣。遊戲開始後賭徒甲的運氣不錯，他連續贏了兩局。這時酒館老闆突然走過來趕他們離店，不管賭徒們說什麼好話，都無法改變老闆的決定，沒有辦法，兩人只能提前結束了比賽。

　　當賭徒們走出酒館，賭博被迫中斷而無法再次展開，他們開始為怎麼分配金幣而爭吵起來，賭徒乙認為，既然遊戲能再繼續，那麼就應該按照局數來分，因為甲贏了兩局，所以應該分的其中四個金幣，剩下的局數兩個人互有勝負，所以要平均分，也就是甲是 4+5=9 個金幣，而乙應該拿五個金幣。賭徒甲卻認為，他已經贏了兩局，還剩下五局只要再贏得兩局就可以拿到全部的金幣，而對方需要贏四局才可以戰勝自己，

所以自己分的金幣應該更多。

　　兩個賭徒為此爭論起來，他們決定求助於著名的數學家帕斯卡。但帕斯卡拿到這個難題的時候，卻得到和兩個賭徒都不一樣的答案。但帕斯卡覺得他們也各有各的道理，於是和另外一個數學家費馬討論起來。

　　在當時，數學的三大分支——分析學，代數學和幾何學都在萌芽中，數學家們正在無意識地努力為這三個數學學科做著最後的準備。但長久以來數學家們一直關注確定的數學，比如一個定理一定能證明或者證偽，一個方程一定有確定的根，但對於這種不確定的數學並沒有明確的認知。

　　在「不確定」數學發展的初期，法國數學家拉普拉斯做出了奠基性的工作。拉普拉斯從最簡單的不確定事件出發，扔一個兩面差不多的硬幣，出現正面和反面的可能性相同，而兩種可能性相加就能得到一定發生的結果（我們不考慮硬幣會恰好立起來）。拉普拉斯把這種事件發生的可能性大小叫做機率。

　　從此，一門有別於數學三大基礎的新的數學門類被創造出來。

　　拉普拉斯認為落地的硬幣要嘛正面，要嘛反面，這是一定能發生的事情，所以用1來表示。既然兩面機率相同，那麼它們的機率就都是0.5。同樣的方法，如果考慮一個骰子，出現每個數字的機率就為1/6。拉普拉斯這種機率就是機率中最簡單的一種——古典機率，也被稱為拉普拉斯機率。

　　瞭解了拉普拉斯的成果，瑞士數學家族——伯努利家族的長子雅各‧伯努利認為，雖然拉普拉斯的結果看起來正確，卻無法服眾，畢竟

數學的嚴謹是不允許這樣想當然的創造：硬幣投擲之前，事件並沒有發生，怎麼能預料沒發生的事情呢？而如果硬幣投擲出現了正面，又直接否定了反面的出現，這又和之前的 0.5 相悖。

雅各‧伯努利決定從事件本身來分析機率這個事情。他投擲了很多次硬幣，並把結果記錄下來。伯努利發現，當投擲十次的時候，出現了七次正面；當投擲

雅各‧伯努利是最早使用「積分」這個術語的人，也是較早使用極座標系的數學家之一。

一百次的時候，出現了六十五次正面；當投擲一千次的時候，出現了五百二十七次正面；而投擲一萬次的時候，出現了五千零五十七次正面。伯努利比較了結果發現，正面次數佔有總次數的比例越來越接近 0.5，而這個 0.5 正是拉普拉斯得到的結果！伯努利終於明白，所謂的機率其實是在不受到其他外界環境影響的時候，事件不斷重複出現次數佔總事件之比。伯努利發現的這個規律就是機率中的伯努利大數定律。這個定律也成為古典機率論的基礎。

有了古典機率的基礎，數學家推衍出相互獨立事件、條件機率等一系列的概念，從此機率論做為一門獨立的數學學科開始發展起來。在人類改造世界的過程中，會遇到很多不確定的事情，為了充分利用資源完成更重要的任務，就要預測時間發生的可能性，而機率正是進行預測的數學工具。機率論已經深入生產生活的方方面面，從投資銀行預測金融衍生品的價值，到氣象學預測未來的天氣，機率無處不在發揮著它的作

用，甚至新中國第一個機率學專家王梓坤先生，曾經帶領團隊用機率論預測地震，取得輝煌的成就。

　　機率不僅可以計算事件發展的可能性大小，還能做出很多超乎想像的事情。如果在平面中畫出很多條平行線，它們之間的距離為 1，然後把一根長度為 1 的針扔在這個平面上，竟然可以計算圓周率 π。

　　首先根據機率的計算可以知道，針與平行線相交的機率為 $2/\pi$，然後就可以進行「扔針」的實驗：比如扔十萬次，針有六萬三千六百九十四次與平行線相交（也可能是其他數，但都接近這個數字），這就說明了機率大約為 $63694/100000$。通透過 $63694/100000 = 2/\pi$ 可以計算出，$\pi \approx 3.140$，這與實際值非常接近，實際上，如果扔針的次數越多，計算出的 π 就越準確。

70

用函數來表示可能性的大小

機率分布

　　在機率中，確定發生的事情叫做必然事件，一定不發生的事情叫做不可能事件。在人類的生產生活中，必然事件和不可能事件佔有很少一部分。不論再有把握的事情也有可能出現例外，因此大多數事件都是不確定能否發生的，這樣的事件叫做不確定事件，或者叫做隨機事件。

　　我們拋出一個硬幣，如果不考慮硬幣立起來的情況，結果只有兩種可能，分別是正面和反面，而這兩種隨機事件的機率都是 0.5；如果考慮某地天氣是否下雨，這個事件也有兩種可能——下或者不下，但這兩種情況的可能性很明顯不一定相等；如果考慮更複雜的事件，比如種三棵樹，就有可能出現存活三棵、存活兩棵、存活一棵和都沒存活四種情況，而每一種隨機事件的機率不一定相同。

　　計算機率是為了更好地預測。而為了預測，就必須要研究所有可能出現的情況，把所有事件一個個寫出來，並且加上這種情況出現的機率，這在機率中叫做機率分布。以一個人投籃為例，假設這個人投籃三次，命中一次的機率是 0.1，命中兩次的機率是 0.3，命中三次的機率是 0.2、一次都沒命中的機率是 0.4，這樣我們就可以畫出以下表格。

投籃次數	0	1	2	3
機率	0.4	0.1	0.3	0.2

在這個表格中我們會發現，投籃命中的所有情況都已經寫到表格中了，分別是1、2、3和4，而這四種情況覆蓋了所有可能出現的結果，下面的機率相加為1，代表結果一定從這四種情況出現。

那麼再進行一次「投籃三次」這樣的實驗，最有可能出現的情況是一次都不中；但如果再進行很多次這樣的實驗，平均起來能投中幾次呢？在這裡，數學家們給出一個叫做期望的數學概念，表示多次實驗取平均得到的結果。期望的計算公式很簡單，把每個事件和自身的機率相乘，最後相加在一起即可，因此，上面的例子期望為0×0.4+1×0.1+2×0.3+3×0.2=1.3，也就是說如果做一萬次實驗，投進總數會非常接近13000，平均每次投進1.3個。

類似投籃或者拋硬幣的機率問題很多，這類問題的共同特點是事件是若干個獨立分散的，數學家們把這種事件稱為離散形隨機變數。但生活中還有另外一種事件，比如一通電話在某個時間打入，這個時間是連續的，我們稱他為連續型隨機變數。對於連續型隨機變數，因為事件的可能性有無限種多，所以我們就無法寫成表格的形式進行分析，對於這個問題，數學家早有準備，他們發明了一種叫做機率密度函數的曲線來表示連續型隨機變數的機率。

在連續型隨機變數中，最有名的就是正態分布了。正態分布又名高斯分布，是在自然界中廣泛存在的一種分布，這種曲線中間高兩邊低，成對稱的鐘形，不管是考試成績、人群壽命，還是種子發芽、產品合格，

都符合這種分布。

在概率論的完善中，數學家們發現了各式各樣的分布，而這些分布也成為數學家研究隨機事件的工具。雖然自然界對人類來說還有很多未解之謎，但透過數學研究，數學家們似乎已經發現了自然正在按照某種規律進行運轉，而各種事件的機率分布就是自然界中規律的一種。

【TIP 8】

對於連續型隨機變數，數學家們使用機率密度函數來表示發生事件的可能性。下圖是某地某時刻車流量達到高峰機率的正態分布機率密度曲線圖，曲線與 x 軸圍成的面積為 1，4 點時車流量達到高峰的機率為 x＝4 這條線左側的面積，3 點時，車流量達到高峰的機率是 x＝3 這條線左側的面積，可以看出時間越靠後，車流量達到峰值的可能性最大。

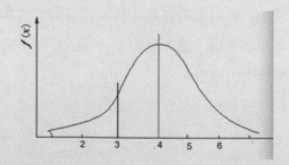

71

柯爾莫哥洛夫的貢獻
機率論公理化

二十世紀初，數學家們為代數、幾何和分析學的發展感到欣慰，卻無比擔憂機率這個學科。雖然機率已經出現了兩百多年，但數學家們還沒有建立起機率的基礎——如果基礎出現了問題，整個知識體系會崩塌，幾百年裡數學家的貢獻瞬間就會化為泡影。

在諾特等人的努力下，數學界形成了公理化方法的浪潮，而這也成為完善數學基礎的方法。所謂公理化，就是就是指從盡可能少的原始概念和不加證明的原始命題（即公理、公設）出發，按照邏輯規則推導出其他命題，建立起一個演繹系統的方法。

通俗地說，如果要進行某方面的研究，就一定要有一些先決條件和概念，而所有推演出的結論都應該是由這個先決條件和概念推導出來。有了基本的公理，就好比有了堅實的基礎，剩下的事情就是在這個基礎上進行發揮了。為了能使機率像其他數學學科一樣發展，機率論公理化刻不容緩，在這裡，前蘇聯數學家安德雷・科爾莫哥洛夫有著不朽的貢獻。

柯爾莫哥洛夫西元一九〇三年出生在俄國坦波夫省。他的父親是支

持革命的農學家，在參與戰鬥的時候犧牲，而母親也很早去世，柯爾莫哥洛夫由他的姨媽帶大。柯爾莫哥洛夫的姨媽視如己出，對他非常寵愛，在他很小的時候就親自教他數學知識，以致於他在五、六歲的時候，就能獨立發現一些初等數論中的規律。

中學畢業後，柯爾莫哥洛夫曾經當了一段時間售票員，不到一年後就進入莫斯科大學數學系學習。在莫斯科大學，柯爾莫哥洛夫認識了很多著名數學家，並被大數學家魯金賞識，成為他的弟子，實變函數創始人之一的葉戈羅夫的徒孫。在魯金的指導下，柯爾莫哥洛夫大學時期就建構了一個無法收斂的傅里葉級數，而在當時，所有的傅立葉級數都能收斂成一個函數，數學家們為了找反例煞費苦心。

一九三〇年，柯爾莫哥洛夫開始了他在數學上的大創造，這段時間，他對機率論進行了詳盡的分析，給出了若干條公理，從此數學家們再也不用擔心機率基礎會出什麼問題了，而這個工作也成為了機率學發展歷史上最重要的工作。

設隨機實驗 E 的樣本空間為 Ω，若按照某種方法，對 E 的每一事件 A 賦予一個實數 P（A），且滿足以下公理：

一、非負性：P（A）≥ 0。

二、規範性：P（Ω）=1。

三、可列（完全）可加性：對於兩兩互不相容的可列無窮多個事件 A_1，A_2，……，An，……，有 P（$A_1 \cup A_2 \cup$……$\cup$ An $\cup$……）=P（A_1）+P（A_2）+……P（An）+……，則稱實數 P（A）為事件 A 的機率。

柯爾莫哥洛夫的思想是這樣的，首先用映射定義了概率的對應，即

一個事件賦予一個實數，確定了事件的機率存在；其次，找到機率兩個基本要求，非負性。任何一個事情出現的機率都不可能為負，負數無法解釋發生或者不發生；第三是可加性，即如果兩個事件只能發生其中一個，那麼把兩者同時考慮是可以相加的，若有三個事件只能發生其中一個，那麼三者也是可以相加的。

除此以外，柯爾莫哥洛夫在幾何、實變函數、拓撲學等方面有著突出的貢獻，根據其他數學家統計，在所有的數學科目中，柯爾莫哥洛夫僅僅在數論上沒有做過貢獻，其他均有所非常大的建樹，在某數學刊物評選的二十世紀最偉大的數學家排名中，柯爾莫哥洛夫擊敗希爾伯特、龐加萊、韋依和諾特等數學家，榮登榜首。

在機率論公理化建立以後，柯爾莫哥洛夫和他的弟子們繼續推廣了這個工作，取得了很多成果。直到今天，在機率論的研究上，俄羅斯仍然處於國際領先地位，這和柯爾莫哥洛夫在幾十年前的工作是分不開的。

柯爾莫哥洛夫身體強壯，肌肉發達，堅持每天都運動，一個星期還要進行一次遠足。在七十歲的時候，柯爾莫哥洛夫還可以光著身子在冰天雪地裡運動，比很多年輕人還要有力量。柯爾莫哥洛夫又是一位著名的數學教育家，他對於數學教育方式有自己的理解，同時認為學生接觸數學一定要在十四到十六歲之間開始，太早或過晚都不利於發展。

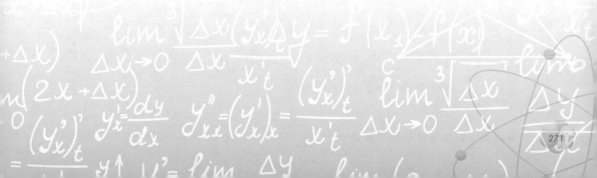

如果要完善一門科學，建立公理化體系是非常必要的，在這裡，我們可以舉一個平均數的例子。在代數中，平均數是所有數量相加後除以總數，但在很多情況下，平均數就不是那麼簡單的了。比如某個考試有兩門課程，一門是難度大的 A 課程，另一門是難度小的 B 課程。兩個人的分數如下：

	A	B
小張	90	100
小王	100	90

兩個人的總分一樣，在不能並列的情況下，怎麼對他們進行排名呢？因為小王在難度大的課程中取得更多的分數，所以小王應該排在小張的前面，也就是說，他們的平均分數就不能簡單地相加再除以 2，小王的平均分數應該比小張高，同時，他們的平均分數不應該小於 90 分，更不應該大於 100 分，應該介於 90 和 100 之間。

根據以上的例子，我們可以給出平均數的公理化的定義：平均數是介於最大數值和最小數值中的一個數。這樣就可以解釋 $\sqrt{ab}$ 和 $\dfrac{2ab}{(a+b)}$ 也是平均數的事實，前者是幾何平均數，用來表示面積的平均，後者是調和平均數，在計算電學中並聯電路電阻時使用。

72

對隨機現象的研究

隨機過程中的瑪律可夫過程
和時間序列分析

如果一副有五十二張牌的撲克牌，隨機選取其中的一張是紅桃的機率為 13/52，這是因為在五十二張牌中，有十三張紅桃；但如果一張一張取出來，第十張是紅桃的機率是多少，甚至可以問，第十張是紅桃和第二十張是紅桃的機率誰更大呢？很顯然，這個問題並沒有那麼簡單，因為不管是第十張還是第二十張都會受到之前抽出牌花色的影響，而前面抽的牌我們並不知道它們的花色。在機率中研究這類隨機事件的演變過程叫做隨機過程。

隨機過程是一連串隨機事件動態關係的定量描述，在自然科學和工程科學，甚至在社會科學上都有著重要的應用。上述的例子過於簡單，而生產和生產中複雜的例子比比皆是。比如工廠中的機器由於長時間的使用會發生故障，把機器修理好後再使用一段時間，機器又會出現故障，這個故障的過程就是隨機過程。為了達到最大使用率，工廠不得不考慮分配有限的技術人員在機器出故障之前對其檢修。

股票和期貨等金融衍生品的價格，會因為市場上眾多投資者的買進和賣出而受到影響，因為投資者數量很多，影響價格的能力也不相同，隨意金融衍生品的價格會產生隨機的波動，這也是典型的隨機過程。

　　在隨機過程的發展中，由於前蘇聯是機率論公理化的發源地，所以最初的所有成果基本上都是蘇聯數學家做出來的。西元一九○七年，瑪律可夫研究了一列有特定相依性的隨機變數，這種隨機變數的演變過程被後人稱之為瑪律可夫過程。瑪律可夫過程的研究物件是那些變數之前的變化對後續變化沒有影響，比如在沒有人影響的作用下，一隻跳蚤先向左跳動，再向右跳動這樣重複很多次，但再下次跳動的時候就不一定先向左了，因為這次跳動不受之前的影響。顯然，商品價格波動就不是瑪律可夫過程，因為消費者會因為價格較高放棄購買，生產者為了賣出更多的商品只能降低售價。

　　一九二三年，N・維納給出了布朗運動的數學定義，後人把布朗運動也稱為維納過程。所謂布朗運動是液體分子對液體表面微小物體（比如花粉）的衝擊，導致小物體無規則運動。這個很顯然也是一個不受之前影響的瑪律可夫過程。

　　儘管在機率論公理化之前，前蘇聯數學家們已經開始研究隨機過程，但一般認為，機率論公理化之父──柯爾莫哥洛夫才是隨機過程的開山鼻祖。一九三一年，A・H・柯爾莫哥洛夫發表了《機率論的解析方法》；一九三四年，同樣是前蘇聯的數學家辛欽發表了《平穩過程的相關理論》。

　　在第二次世界大戰以後，各國經濟和科學研究漸漸恢復，他們在機

率論的研究中開始迅速趕上前蘇聯。一九五一年，日本數學家伊藤清在維納過程中使用了微分方程的理論，開創了隨機積分領域；一九五三年，美國數學家杜布出版了《隨機過程論》，是當時最系統的隨機過程教材；到了六〇年代，法國的數學家也在隨機過程上取得了優秀的成果。

時間序列分析和瑪律可夫過程的分析正好相反，這種過程承認前者對後者的影響，比如一個人在投籃的時候，儘管前幾次沒有投中，但他也漸漸找到了手感，未來幾次的投中的機率就會變大。為了研究前幾次事件對未來的影響，時間序列分析需要找到事件變化的規律，建立合理的機率模型來進行預測。

時間序列分析由四種要素組成，分別是趨勢、季節變動、循環波動和不規則波動。在節慶假日，副食品的價格會上漲，而在收穫的季節裡，糧食和蔬菜的價格會優惠下降，這就是季節變動。而有工業產品的價格會因為買方和賣方之間的博弈出現上漲、下降、再上漲、再下降的波動，這就是循環波動了。

生活中我們會接觸到各式各樣的隨機過程，這些看起來似乎沒有任何規律的事件卻暗含著深刻的規律。在古代，人們相信冥冥之中形形色色的神靈掌控著他們，但現在，無所不能的數學家正在不懈努力著，我們堅信，這些規律最終也會被人類掌控。

在保險行業中，有一種職位叫做精算師。精算師透過建立機率模型，制定投保人保費繳納金額與保險公司理賠範圍和金額，維持保險公司的利潤同時為客戶提供最大的保障，而他們使用的工具就是機率中的時間序列分析和瑪律可夫過程。

73

機率在生活中的應用
數理統計學

　　根據時間序列分析的知識我們知道，很多事件的發生深受之前事件的影響，而這種影響又不是絕對的。比如一個人患有某種疾病後痊癒，他一定會在醫生的叮囑下，養成良好的生活習慣以免再次患上相同的疾病，儘管他降低了再次患病的機率，但卻不能保證一定不會再次患病。為了對未來發生事件進行準確的預測，數學家們需要對以往相關資料進行大量的收集，找到其中的規律，這就是數理統計學。

　　數理統計學的發展大概分為三個時期。

　　第一個時期是二十世紀以前。高斯和勒讓德在最小二乘法上的發明上爭論不休，這個方法就是數理統計學的發源。再之後，高斯在正態分布上的工作讓數學家們開始重視起數理統計學。在這一時期，數理統計學出現了兩個分支，一個是與其他變數參數有關的參數統計，另一個是與參數無關的非參數統計。在參數估計中，十九世紀末期的皮爾森做出了矩法估計來估計參數，而德國的赫爾梅特發現了另外一個重要的機率分布卡方分布。

　　第二個時期是二十世紀初到第二次世界大戰。生產力的提高和戰爭

的爆發，在一定程度上促進了數理統計學的飛速發展，而這裡的大多數工作都是前蘇聯數學家完成的；我們現在使用的數理統計學方法，也都誕生於這段時間。

在這段時間裡，英國人費歇爾為數理統計成為一個真正的學科有著傑出的貢獻。西元一九一二年，費歇爾畢業於劍橋大學。畢業後他做過中學老師，辦過工廠，還經營過一個農場。和其他工廠廠長、農場主不同，費歇爾把數理統計的原理使用在生產和經營中，甚至把這些理論用在了為農作物育種上，累積了大量的財富。除此之外，他還培養了大量的人才，成為獨立於前蘇聯數學學派的另一個數理統計實力極強的團體。

第三個時期是第二次世界大戰後至今。在和平年代，各種新技術層出不窮，數理統計和其他學科的結合更加緊密，生物工程、金融工程對機率和數理統計的需求愈加旺盛，而數理統計也成為數學中得到應用最多的學科，新的交叉學科也隨之誕生。生物統計學、金融統計學、資料採擷等成為行業中最熱門的科系。

有一個在資料採擷和數理統計圈子中流傳已廣的故事：一個商場為了增加銷售量和利潤，找到了數理統計學專家對他們的銷售進行資料採擷，從而改善自己的經營狀況。專家收集了商場一段時間的資料發現一件奇怪的事情，在嬰幼兒貨架上的尿布和在飲料櫃檯的啤酒之間竟然有某種關係：當尿布銷量增加的時候，啤酒也會隨之增加；尿布銷量減少的時候，啤酒也買得少一些。在一般人眼中看來，這兩種商品風馬牛不相及，卻有著內在的聯繫。不管怎麼說，尿布和啤酒還是有關係的，於

是商場的負責人把這兩種商品擺在了同一個貨架上。

　　經過一段時間的觀察，商場負責人終於明白了這種關係的緣由，原來妻子在家照顧孩子需要尿布，而男人在出去買尿布的時候，順便就會給自己買上一打啤酒，這種消費習慣成就了兩種商品之間的關係。而現在啤酒和尿布擺在同一個貨架上販賣，方便了男人購物，原本沒打算買啤酒的男人也禁不起誘惑買了回去，而原本來買啤酒的男人發現尿布，會順便幫妻子帶回去，商場的銷售量就因此增加了。

　　機率和數理統計學在生活中處處能用到，而在應用範圍上，這兩門學科遠遠強於其他數學學科，但在很多數學工作者甚至數學家的眼中，機率勉強能算半個數學，而數理統計根本算不上數學。誠然，和數學其他學科相比，機率和數理統計在難度上不能與它們同日而語，但這也是人類排除事物具體形態，對其本質進行形而上探究的成果，從這個意義上說機率和數理統計不僅是數學，而且比分析學等科目更純粹。或許，大多數清貧的基礎數學家羨慕機率和數理統計學家在金融、電腦等領域賺的缽滿盆盈，這種說法只是他們為了在自己難度很大的工作和超人的智力上找些安慰的抱怨罷了。

【TIPS】

　　數理統計學和我們常說的社會統計學有很大不同。社會統計學包括描述統計學和推斷統計學，更傾向於描述統計的變數和直觀的推斷，使用的數學工具很少；而數理統計學更精確地描述變數的關係，從而對未來實現精準的預測。隨著統計學的發展，數理統計學大有「吃掉」社會統計學、統一整個統計學的趨勢，畢竟，描述和推斷完全無法和數學計算相提並論。

74

如何選取研究物件
抽樣的方法

在數理統計上，過去的資料中蘊含著事物變化的規律，如果要找到這個規律，就需要對過去全部的相關資料進行分析。

但有些資料數量過於龐大，有著幾億、幾十億甚至上百億的資料，為了找到其中的規律，數學家們要選擇其中的某一些進行研究，這就是抽樣。

關於抽樣有一個流傳很久的笑話：母親讓孩子出去買一盒火柴，臨走之前母親叮囑說，記得試一試火柴能不能用，如果劃不著就換一盒。孩子記住母親的話出去了。很快，孩子回來了，他高興地對母親說，媽！我試過了，每一根火柴都能劃得著。顯然孩子曲解了母親的意思，其實他需要選擇其中的一兩根試一下就可以了。

抽樣又稱為取樣，是從要研究的全部樣本中選取一部分進行研究。抽樣並不是在樣本中隨便找幾個，而是需要維持選取的物件一定在全部的樣品中有代表性。

比如研究某地成年男子的身高，在抽樣的時候要充分考慮選取對象的分散性，青年人、中年人和老人每個年齡都要選擇到，每一種職業也

都要充分考慮；相反，如果到體育學校籃球隊中選擇，這個抽樣就沒有任何代表性了。

根據樣本特徵不同，傳統的抽樣方式大致分為三種。第一類是簡單隨機抽樣：設一個總體個數為 N，如果透過逐個抽取的方法抽取一個樣本，且每次抽取時，每個個體被抽到的機率相等。

可以看出，這種抽樣方式樣品的總數一定要小，試想一下，如果我們研究全國少年兒童的智力發展問題，簡單選取其中的幾個人是遠遠不夠的，即使把數量擴大到幾十人、上百人都不能完整反映全國的情況，在這種涉及到上億人口的抽樣中，至少選擇幾十萬到上百萬人進行研究的資料才有說服力。因此簡單隨機抽樣只適用於樣本總數比較少的時候。

同樣，如果要檢驗一個工廠生產的幾十萬個零件，也不能僅僅選取其中幾個進行研究。這時就要採用抽樣的第二種方式——系統抽樣，也叫等距抽樣。

當總體的個數比較多的時候，首先把總體分成均衡的幾部分，然後按照預先訂的規則，從每一個部分中抽取一些個體，得到所需要的樣本。既然總數比較多，就要選取很多樣本，如果沒有一個選擇規則，一個個隨機去挑是很不方便的，這時就要對全部樣本進行編號。以檢查十萬個零件為例，首先抽樣者對零件進行編號，從一到十萬，如果確定了選取一百個樣品進行檢查，就需要把十萬個零件分成一百等份，即每份一千個，抽樣者在第一個一千中隨機選擇一個零件，比如第七百一十四號，那麼第二個零件就是第二個一千中的七百一十四

號，即一千七百一十四號，剩下的以此類推為二百七百一十四、三千七百一十四……。因此系統抽樣在樣本總數較大，但之間沒太大差別的時候使用。

第三種抽樣叫做分層抽樣。

抽樣時，將總體分成互不交叉的層，然後按照一定的比例，從各層中獨立抽取一定數量的個體，得到所需樣本。例如，一個年級中有一、二、三共三個班，人數分別為四十、四十和六十，現在有四十二張電影票，如何分發才公平呢？很顯然，如果按照班級平均分配，每個班能分到十四張，但這對三班學生是不公平的，因為他們班的人數多，平均分到每個人的機率就很小。

最公平的分發應該是按照班級人數的比例進行分配：三個班級人數為 2：2：3，因此電影票的分配應該是十二張、十二張和十八張，即一班和二班各選十二個人，三班選十八個人領電影票才公平。因此，遇到這種每組性質差別很大的時候，就需要採用分層抽樣。

在進行選取資料的統計工作的時候，除了以上三種傳統的抽樣方法外，根據具體研究物件的個點，還衍生出很多抽樣方式，其中有類似於系統抽樣的多段抽樣，根據每個階段不同而分層的 PPS 抽樣，強調隨機性的偶遇抽樣，以及用於發展更多樣品的雪球抽樣等。

但不論哪一種抽樣，都要在符合事物本身特徵的基礎上明確目的，建立可以測量的方案，並且在維持資料真實性的基礎上，盡量解決人力和物力，避免浪費。

【TIP 8】

　　每過一段時間，國家就會進行一次人口普查。所謂人口普查，是指在國家統一規定的時間內，按照統一的方法、統一的專案、統一的調查表和統一的標準時間，對全國人口普遍地，逐戶逐人地進行一次性調查登記。雖然人口普查把全部有戶籍的人員都調查到，但處理這些資料的時候，仍然要按照統計的方法，選取合適的抽樣方法，抽出樣本進行分析研究。

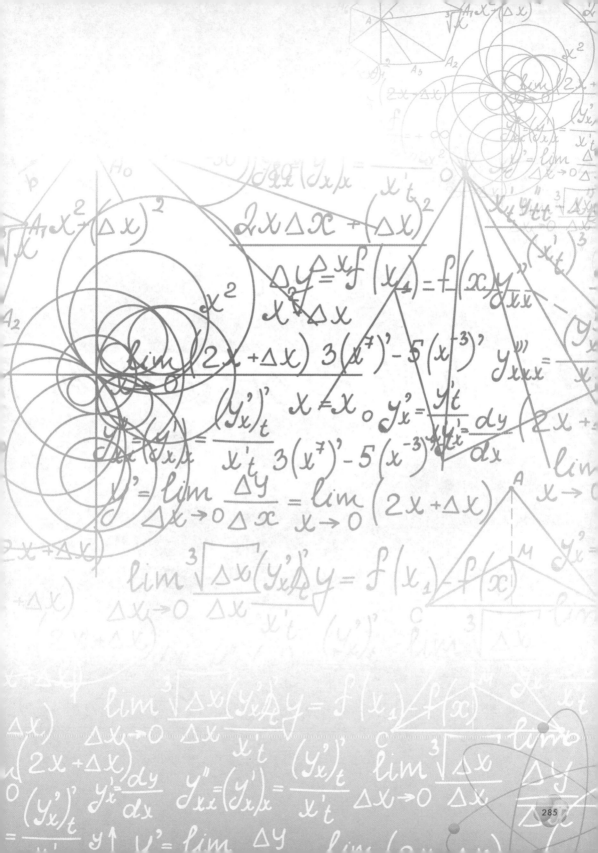

其他數學分支的發展

引發第三次數學危機

公理化集合論的產生

　　集合是數學中最基礎的概念，按照現代數學觀點，每個分支數學的研究物件後者本身都是具有某種特徵的集合。比如抽象代數中的群是定義了某種運算，並且符合封閉性、結合律、有零元和逆元的集合；數字就是集合，比如有理數集、實數集。但實際上，集合不是天生就成為數學基礎的。

　　在微積分誕生以後，萊布尼茲在積分的計算中把曲線與 x 軸圍成的面積分成了無窮多份，這個無窮多到底是什麼讓數學家們產生了強烈的好奇心，而元素數量的多少恰是集合論中重要的部分，在這個問題的研究上最有名的是捷克數學家波爾查諾。波爾查諾認為，擁有有限個元素的集合之間可以比較元素數量，但擁有無限個元素的集合之間也應該能比較。這就是後來數學中「一一對應」概念的萌芽。

　　波爾查諾找到一個例子，比如 0 到 1 之間的實數與 0 到 2 之間的實數應該一樣多，在前者之間任意一個數乘以 2 後，都能在後面範圍中找到這個數，儘管看起來 0 到 2 的數比 0 到 1 多，但數學家們必須接受這個事實，否則將無法理解無窮。

在波爾查諾之後，德國數學家康托爾和戴德金成為公理化集合論的奠基人。西元一八七三年康托爾在給戴德金的一封信中，再次提到了波爾查諾對擁有無窮多元素集合的定義，他認為無窮元素之間應該採用對應的方法，比如討論正整數的集合（n）與實數的集合（x）之間能否把它們一一對應起來，如果能就說明這兩個集合中元素的數量一樣多。康托爾在信中給正整數的數量做了一個定義：可數或者可列，意思是雖然這個集合中的元素是無窮多個，但至少可以一個個不漏掉地數出來或者列出來，同時他把集合中元素的數量取名為基數。同年，康托爾證明了實數無法像整數那樣可數，他高興的把這結果告訴戴德金，而這一天──西元一八七三年十二月七日成為公理化集合論誕生日。

後來，戴德金對康托爾的結論進行了研究，他成功地建立其有理數和整數之間的一一對應，從而說明有理數基數也是可數的，同時得到了無理數和實數的定義。從此在集合論中重要的概念──戴德金分割也宣告誕生。

當數學家們還沒來得及為這個結論而歡呼的時候，第三次數學危機悄然出現。從一八九七年開始，很多數學家都發現了公理化集合論中有嚴重的問題──其中可能產生自相矛盾的狀況，即悖論，其中最有名的就是羅素悖論。英國數學家羅素在一九〇九年提到，一位理髮師宣稱他給所有不給自己刮臉的人刮臉。如果理髮師給

康托爾。

自己刮臉，那麼他就屬於「給自己刮臉」的人，因此他不應該給自己刮臉；如果他不給自己刮臉，那麼他就屬於「不給自己刮臉」的人，就應該給自己刮臉。羅素還用這樣的一個集合來說明理髮師悖論：能否存在一個集合，這個集合中元素都滿足這樣一個特點：元素都不在這個集合中。

這句話看起來是詭辯，但在康托爾建立的集合論中一點問題都沒有，這恰恰是對公理化集合論最 **羅素。** 一針見血的質疑。羅素悖論動搖了公理化集合論，同時也晃動了整個數學大廈，一時間很多數學家都無法承受這樣的打擊，紛紛放棄數學，甚至自殺。

面對這種情況，康托爾只能對集合論進行修補，與此同時，連續統假設的證明也讓他焦頭爛額。所謂連續統假設，是說可數是所有無窮中最小的，而實數集的基數和整數集的基數之間不存在著別的基數。一些數學家宣稱，如果這個假設得不到證明，集合論就是完全錯誤的。康托爾努力地做這兩方面的修補，但直到他去世時也沒有解決。

第三次數學危機籠罩著整個數學界幾十年，在這幾十年裡數學家們一直在想，公理化到底有沒有用，為什麼公理化會出現問題。直到一九三八年，數理邏輯學家哥德爾證明了公理化體系的不完備性，困擾數學家的兩個問題才得以解決，不管公理建立地多麼完備，總會出現既不能證明錯誤，也不能證明正確的命題。羅素正是找到了康托爾的集合

論中不能證明的問題提出的悖論，而連續統假設也是獨立於集合論公理化體系之外，同樣無法證明。

　　雖然第三次數學危機已經過去了近百年，但數學家們一直被公理化體系的不完備性折磨著：堅實的數學大廈存在著無法避免品質的問題，而這個問題是數學天生就具有的，一旦問題擴大，大廈還是會坍塌。現在，數學家們只能小心翼翼地在上面添磚加瓦，畢竟不能因為數學本身的缺陷而放棄數學研究，因噎廢食。

【TIP 8】

　　任何一個學科的理論必須有嚴謹的知識體系。在學科中，要明確 A 是什麼，可以用 B 去解釋；問到 B 是什麼，又可以用 C 去解釋，以此類推，我們可以得到一系列的概念，而這些概念一定要有一個源頭。學科的源頭相當於大樓的地基，是最根本的理論，不需要解釋，也不能解釋。

　　任何一本數學書對集合的定義和其他數學物件的定義不同，其他數學物件的定義都比較嚴謹，而集合的定義是描述性的，這是因為集合就是數學的基礎。幾千年來建構出龐大的數學大廈就是建立在集合論的基礎上的。

76

長度、面積和體積的推廣

測度論是什麼

一條線段有它的長度，一個正方形有它的面積，一顆球有它的體積。長度、面積和體積似乎有天然的關係：它們都是幾何圖形佔有空間大小的數學量。不同的是，在一維空間中只有長度的概念；二維空間包括一維空間，所以既有長度又有面積；三維空間又包含二維空間，所以其中既有長度、面積也有體積。關於幾何圖形佔有空間大小的量，數學中用一個專有名詞描述它——測度。

測度的定義很抽象：建構一個集函數，它能賦予實數集簇 M 中的每一個集合 E 一個非負擴充實數 mE。我們將此集函數稱為 E 的測度。這時因為數學現代化以後，很多數學概念都要用最原始的數學概念，集合和映射來描述，絕對不能出現體積、面積這樣不標準的語言，要知道體積或面積只是測度的特殊情況，就好比我們不能用說「像蘋果這樣的東西就是水果」來以偏概全。

那麼測度在數學上有什麼用途呢？我們知道，當魏爾斯特拉斯建構出處處連續處處不可導函數以後，對這樣的函數進行積分成為一個大難題。後來勒貝格積分的誕生才解決了這個問題。而勒貝格積分正是用了

測度為工具。

我們看一個名叫狄利克雷的函數。這個函數很奇怪，當 x 取有理數的時候，函數值為 1，當 x 取無理數的時候，函數值為 0。很顯然，這個函數和魏爾斯特拉斯函數一樣，無法進行普通的黎曼積分。而主要問題在於函數值有 0 和 1 兩種，並且他們在實數軸上完全打散，形成了 1 中有 0、0 中有 1 的情況。但使用了測度後，我們可以把所有函數等於 1 的引數合在一起，所有等於 0 的放在一起，分別求它們的面積（因為積分對應的是函數與 x 軸圍成的有向面積）。等於 1 的 x 是 0 到 1 的全體有理數，有理數的測度是 0，面積就為 0，而無理數的函數值是 0，所以面積也為 0，這樣狄利克雷函數的勒貝格積分就是 0。

有了測度概念，很多不能黎曼積分的函數都可以進行勒貝格積分了。在對這些函數的研究中，測度本身也有了很大發展，形成了完整的學科──測度論。而數學家在研究測度論的時候也發現，這個理論本身也不是萬能的，很多函數不僅不能黎曼積分，甚至也不能勒貝格積分，也就是說這些函數是不可測的。比如在實數集上我們定義一個不可測的集合 P，當引數取這個集合的時候，函數值為 1；當不取的時候，函數值為 0。雖然這個函數看起來是為了不可測而建構出的，但在邏輯上無懈可擊。

數學家們為了保持數學的普適性，會把很多現實中的事物抽象出來進行研究。如果這些事物之間有內在的聯繫，或者類比的關係，數學家就會把它們當作一種數學物件進行定義。正如蝴蝶和螞蟻，牠們都是三對足和一對觸角，生物學家會把牠們做為昆蟲的整體進行研究；群居在

一起的猴子和人類社會，都是生物之間的關係，這也成為社會學家的研究物件。而測度論的研究也是這個道理。

　　人類對數學的認知是從具體到抽象。人類相信，對於大千世界的種種規律，一定有一個或者幾個終極理論可以解釋，所以在數學的研究上，數學家們傾向於把眾多的概念統一變為一個大一統的概念，讓其他的概念都成為大一統概念的分支。而在從具體到抽象，再到大一統的過程中，普通方法已經無法說明，只能發明出一些更新的詞彙來解釋它，測度論的英文是 measure thoery，直譯就是測量理論的意思，因為不管是長度、面積和體積都需要測量。

77

刨根問底的數學

數理邏輯是什麼

在任何一門數學的證明中，都有大量的「因為」和「所以」。這看起來顯而易見的推廣，其實並不是那麼理所應當。「因為」和「所以」能連接在一起，有著深刻的邏輯原理，而在數學上對這種邏輯原理的研究也自成一個體系，這就是數理邏輯。

其實除了數學，任何一門學科，甚至日常生活中都存在著大量的邏輯。比如下雨天，人們出門要打傘；肚子餓了要吃飯，口渴要喝水。對於這樣的問題，我們可以認為下雨時，雨水會把人淋濕，而人被淋濕會生病，所以要用傘為人擋雨；肚子餓和口渴是因為人體對食物和水分有了需要，為了補充食物和水分，人們才需要吃喝。這些實際的問題看起來並沒有什麼好討論的。但在數學上的公式並不會生病、肚子餓和口渴，所以它們能得到的結論。由條件推出結論仍然需要數學家進行深入的研究。如果要理解什麼是數理邏輯，首先要知道幾個概念，第一個是命題。所謂命題，指的是哪些能夠判斷真假的語句。比如「今天是星期二」，或者「人類在一百年之後能登上天王星」。我們可以根據具體情況來判斷今天是否是星期二，即能確定它是對還是錯，而對於後者，雖然我們

暫時無法判斷，但一百年之後就可以判斷它的真假。這兩個都是命題。在數理邏輯中，命題是可以進行計算的，這裡的計算不是數字中的加減乘除，而是使用邏輯聯結詞：「或」、「且」和「非」進行連接。比如「今天是星期二」和「今天是星期四」這兩個命題用「或」連接，就等於一個新的命題「今天是星期二或星期四」。需要注意的是，如果用「或」連接兩個命題，只要這兩個命題其中有一個正確，那麼新的命題就正確。而「且」不同，需要兩個命題都正確，才能判斷新命題正確。這就是數理邏輯中的「命題演算」。

除了以上三個邏輯聯結詞以外，還有一些運算規律可以簡化命題之間的演算，比如同一律、吸收律、雙否定律等。而這些法則正是數字運算中的交換律、結合律和分配律的原型。

數學中的邏輯推理依賴數理邏輯中另外一個基礎「謂詞演算」。在「謂詞演算」中，蘊含著更多深奧的邏輯思想，在這裡就不贅述了。

在數理邏輯的發展中，萊布尼茲提供了最重要的思想。十七世紀的時候，萊布尼茲就設想過創造一種「通用的科學語言」，把推理過程像數學一樣進行計算出來，但當時他的想法太創新了，數學界還沒有足夠的累積來實現這一宏偉目標，萊布尼茲只能作罷。到了十九世紀中期，各種數學蓬勃發展，更多的數學家有了萊布尼茲的想法，而數學上的工具也準備充足，數理邏輯才姍姍來遲。西元一八四七年，英國數學家布林發表了《邏輯的數學分析》，建立了「布林代數」，他創造一套符號系統，並建立了一系列的運演算法則，初步實現了萊布尼茲的宏願。而真正使數理邏輯成為一門獨立學科的是德國數學家弗雷格。他在

一八八四年出版的《算數基礎》一書中引入了量詞的符號，完善了數理邏輯的符號系統，完成了這門學科的理論基礎。

在數學的所有學科中，數理邏輯學就像一個武功高強的隱士，雖然它不參加江湖中的各種糾紛，也不在乎其他數學學科發展到什麼程度，更不關心什麼猜想被證明出來，但它的地位是任何一個數學學科都無法企及，並且不能撼動的。而如果這個隱士發了威，整個數學界都會翻天覆地。在第三次數學危機中，這個隱士只發了一個小脾氣，數學差一點就失去了可信度，變成一個人類自娛自樂的「偽科學」，而哥德爾關於公理化體系的不完備的證明，也僅僅是隱士隨便顯露出的冰山一角，卻讓整個數學界有了久旱逢甘霖的暢快淋漓。

【TIP 8】

根據命題的定義，所有的命題都可以寫成「若 p，則 q」的形式。在命題的運算中有負命題、否命題和逆命題的區別，負命題是對命題中 q 的否定，即「若 p，則 ~q」；否命題是 p 和 q 都否定，即「若 ~p，則 ~q」；逆命題是把 p 和 q 顛倒，即「若 q，則 p」。比如原命題（不去判斷其正確性，只從形式上研究這個命題）「a>0，則 a-1≤0」，它的負命題為「a>0，則 a-1>0」，否命題是「a<0，則 a-1>0」，逆命題是「a-1≤0，則 a>0」。

78

與電腦密切相關

組合數學是什麼

　　西元一八五○年，在英國的一本雜誌中記載了這樣一個問題：一個女教師每天帶領班上的女生散步，班上一共有十五個女生，教師計畫每天帶其中三個女生散步，她採用了這樣的方案：每天都把這些女生平均分成五組，帶走其中的一組，問題是，能不能做出一個散步七天的計畫，使任意兩個女生都曾被分到一組且僅被分到一組，也就是說，隨便從十五人中挑出兩人，她們在一週所分成的三十五個小組裡必在一組中見過一面，且僅見一面。這就是數學史中著名的「十五個女生」問題。這個問題一經提出，引起了很多數學家的興趣，很多數學家都給出了自己的解答，他們互通有無後發現，這些解答都是合乎要求的，也就是說，這個問題的解答不是唯一。

　　這個問題的提出者是英國的科克曼。嚴格來說，科克曼並不是一個數學家，他的職業是教會的一個負責人。科克曼的父母並不重視他的教育，以致於科克曼在成年以後為沒有受到良好教育而感到遺憾，不過好在他的工作比較清閒，有大量的業餘時間可以研究數學。在科克曼的努力下，他的數學水準也得到提高，贏得了當時英國很多數學家的肯定。

而他提出的「十五個女生」的問題，更是讓他在數學界裡聲名遠揚。

數學家們對這個問題非常感興趣，用了各種奇妙的方法解答。在反思解題過程時，數學家們驚奇地發現，自己用的方法既不是分析學也不是代數學，更不可能是幾何學，而是一種從來沒有研究過的數學學科。由於十五個女生問題是對人進行分組，所以這門學科就叫做組合數學。

組合數學又叫做離散數學，是研究離散物件的數學科學，比如計算數量的問題。其中包括圖論、代數結構等內容，有時也把數理邏輯包含其中。離散數學的基礎是組合計數，在這裡我們可以舉一個排隊的例子：三個人站成一排有多少種站法，我們可以用 A、B、C 代替這三個人，那麼站法就有 ABC、ACB、BAC、BCA、CAB、CBA 六種站法；如果要求計算十個人站成一排，一個個查是很困難的事情，如果有了組合計數工具就可以很快地算出來。

除了組合計數以外，組合設計也是組合數學中重要的內容。組合設計和多項式理論、數論、不定方程等其他數學物件有著深刻的聯繫，其中出現了鴿巢原理、拉姆齊定理和波利亞定理等重要定理。

組合數學在電腦科學中有著重要的作用，廣泛應用在編碼學、密碼學和演算法優化上。如果把微積分看成是現代數學發展的基礎，那麼組合數學就是電腦科學發展的基礎。除此以外，組合數學在企業管理、戰爭指揮和金融分析上有著重要的作用，如何去設置管理方法，如何分配兵力，如何合理配置資產，這些都是組合數學家需要考慮的問題，一旦在這些領域中使用了組合數學，就會大大降低各類損耗，提高效率和效益。

中國數學家陸家羲是國際上頂級的組合數學專家，他在環境不利的條件下，利用課餘時間從事組合數學的研究。陸家羲最傑出的貢獻是在「斯坦納系列」上的證明，他創造出獨特的引入質數因數的遞推構造方法，解決了組合數學中組合設計理論多年未解決的難題。

　　這樣一門不斷發展且越來越重要的數學學科，在研究中卻不需要太多高深的理論和數學基礎。有位數學教授對數學系學生說過的一段話似乎可以證明這一點：如果你考入了數學系，在本科系學習期間沒有打好數學基礎，只有高中數學的功底，快畢業的時候發現自己還是真心喜歡數學，那麼你可以研究組合數學，它不需要太多大學數學的內容，有高中的基礎就可以了。這位數學教授可能只是在開玩笑，但也從某個方面說明了組合數學入門很簡單。

【TIP 8】

　　組合數學中有一個重要的定理叫做抽屜定理或者鴿巢定理，它的基本描述是把大於 n 的數量的物體放在 n 個抽屜裡，其中至少有一個盒子裡有兩個物體。這個定理顯而易見，卻可以解釋很多問題，比如五雙鞋隨意選出其中的六隻，其中成對的鞋至少有一雙，或者三百六十七個人中，至少有兩個人生日完全相同。

79

多少歲的人算老人？

模糊數學是什麼

　　時光飛逝，幾十年的時間就可以把一個青壯年變成耄耋老人，生老病死是自然界中再正常不過的道理，但你有沒有想過，人是在哪天突然變老的呢？對於這種觀點很多人都會反駁——人是慢慢變老的，並不是某一天才產生突變。那麼第二個問題來了，中年和老年的分界在哪裡呢？對於這樣模糊的問題，數學中有一門專門研究它的學科——模糊數學。

　　模糊數學是研究和處理模糊性現象的一種數學理論和方法。西元一九六五年之後，數學家開始把目光投射到現實世界中界限不明確的事物中，形成了模糊數學的概念。模糊數學的創始人是研究控制論的美國人扎德，所謂控制論是指研究機器、生命社會中控制和通訊的一般規律的科學，是研究動態系統在變的環境條件下，如何保持平衡狀態或穩定狀態的科學。既然是控制的規律，就難免遇到界定不明的數學物件。比如「老人」就是一個模糊的概念。

　　扎德認為，雖然「老」過於模糊不符合集合的確定性，但並不妨礙從另外一個角度來定義「老人」，他計畫用一個數來描述「老」的程度。

首先可以肯定的是，四十歲的人一定不是老人，七十歲的人一定是老人。那麼給四十歲「老」的程度定義為 0，把七十歲「老」的程度定義為 1，這樣其他的年齡就可以指明其老的程度了，比如四十歲和七十歲中間的五十五歲，「老」的程度值為 0.5。而符合 0 到 1 之間「老」的人——我們可以稱為「半老」——組在一起，就是模糊集合。扎德在他的論文《模糊集合》中提到了這一點，他創造性地把集合論擴展成模糊集合論，並以此為基礎，定理了模糊函數的概念，就這樣，模糊數學就誕生了。

老人「老」的程度，在模糊數學中被稱為模糊度。模糊度的定義是這樣的：

一個模糊集 A 的模糊度衡量、反映了 A 的模糊程度，設映射 D：F（U）→ [0,1] 滿足下述五條性質：

清晰性：D（A）= 0 當且僅當 A∈P（U）。

模糊性：D（A）= 1 當且僅當 ∀u∈U 有 A（u）= 0.5。

單調性：∀u∈U，若 A（u）≤ B（u）≤ 0.5，或者 A（u）≥ B（u）≥ 0.5，則 D（A）≤ D（B）。

對稱性：∀A∈F（U），有 D（Ac）= D（A）。

可加性：D（A∪B）+ D（A∩B）=D（A）+ D（B）。

則稱 D 是定義在 F（U）上的模糊度函數，而 D（A）為模糊集 A 的模糊度。

在老人的例子中，清晰性對應著四十歲和七十歲人的不是老人和是老人的性質；模糊性指的是在四十歲和七十歲之間的「老」是模糊的；單調性說明了在「老」的年齡範圍中，年齡大的要比年齡小的更「老」。

模糊數學名為「模糊」，是因為相對於普通數學的精確，它研究物件比較模糊，但和精確數學一樣，模糊數學得到的結論一點也不模糊。有趣的是，迄今為止的模糊數學，就像鏡子中精確數學映出的光影。精確數學中有線性空間、模糊數學中就有不分明線性空間；精確數學中有分析學、代數學、測度和積分，模糊數學中就有模糊分析學、模糊代數學、模糊測度和積分。這看起來似乎在和精確數學在賭氣，但實際上確實是存在的，而且很多領域的研究和精確數學一樣深入。

　　模糊數學的研究主流和精確數學不同，它主要在應用方面得以發展。醫學研究、氣象預測、語言分析等有著大量模糊的研究物件，模糊數學在些領域中被大量應用。此外，隨著電腦科學的發展，在模式識別和人工智慧方面，模糊數學也讓電腦一定程度上「具備」了人類的思維，發揮著重要的作用。

【TIP8】

　　很多電子遊戲中會用到模糊數學的方法。在類似於「打飛機」的遊戲中，如果飛機被炮彈正好擊中，失去生命值數量最多；如果只是擦邊碰到了炮彈，生命值損失很小。這時就可以制定一個閾值——飛機和炮彈接觸的程度，透過判斷閾值大小來判斷飛機減少的生命值。

80

數學在工程上的應用

計算數學是什麼

隨著科學的發展，人類的技術不斷革新，創造出各式各樣的工程學。從最早的土木工程、機械工程，到後來的車輛工程、航天器工程，再到現在的電腦工程和金融工程，只要涉及到有程式地改造物質和能源，變為有利於人的活動，都能稱為工程。在各種工程中，不可避免的要出現大量的資料，計算這些資料也成為每個工程師必須考慮的問題。而這些問題可以用數學中的計算數學來解決。

計算數學也叫做數值計算方法或數值分析。顧名思義，計算數學是採用各式各樣的數學工具，對量化以後的工程資料進行計算，以滿足各種要求。在這裡，計算數學並不是簡單的加減乘除，它還要採用很多其他數學科目的工具，比如代數方程、線性代數方程組、微分方程的數值解法，函數的數值逼近問題，矩陣特徵值的求法，最優化計算問題，機率統計計算問題等等。可以說，是集數學所有科目之大成的應用數學。

工程中的很多問題都可以轉化成對一個方程式求解的問題。我們知道，五次和五次以上方程組沒有求根公式，也就是說沒有通用的解法，甚至沒有解法，那麼應該如何求解呢？在這裡，計算數學中的逼近論就

可以解決這個問題。假設我們透過畫圖知道了方程 f（x）=0 在區間 [a,b] 上只有一個根，且連續不斷，就可以透過不斷地把方程 f（x）＝0 的根所在的區間一分為二，使區間的兩個端點逐步逼近這個根，進而得到根近似值。這個方法又叫做二分法。雖然用二分法得到的根不是準確的值，但對工程使用來說已經完全足夠，而且工程上的精確程度，哪怕是小數點後一百位，在二分法中都可以計算出來。實際上，二分法只是最簡單的一種求根方式，計算數學中還有各種經過優化後的逼近方式可以用來求根。

既然計算數學中只能得到一個近似的根，那麼新的問題出現了：近似根和精確根之間的誤差一定會存在，能否找到一個方法，在簡化運算的同時使誤差盡可能小；如果需要把兩種計算結果進行運算，得到結果的誤差和之間兩個結果的誤差有什麼關係。

在計算中，工程師還會遇到各種複雜的函數。這些函數看起來千奇百怪，如果對它們進行運算，比如微分或者積分、拉普拉斯變換等，計算量會很大，這時就需要找到一個簡單的函數來代替它。在計算數學中，數學家們使用泰勒公式對函數進行變形，把它變成一個近似的多項式函數，兩個函數的差別在允許的誤差之內，這樣計算起來就很方便了。

除了簡單的運算外，工程上還要求求解一些微分方程的數值解，或者處理一些矩陣的變換。因此計算數學也包括常微分方程、偏微分方程和矩陣論的內容。毫不誇張地說，只要是數學中涉及到運算的學科，都可以包括在計算數學中。

做為上個世紀最偉大的發明，電腦在各方面發揮著重要的作用，但

實際上電腦並不知道如何工作。工程師們需要把實際問題轉化成計算問題，這些計算問題的方法被稱為演算法，數學家們把演算法用加減乘除、開方等簡單計算翻譯過來按照一定邏輯輸入電腦，電腦才能看得懂，經過計算得到最終的結果。當今電腦軟體領域，實際上就是演算法的領域。一個優秀的演算法要同時具備既能解決問題，又能節約運算能力和記憶體等計算資源的特點，而計算數學恰好就是研究演算法的學科。

很多工程和工藝的進步依賴於計算數學的進步，甚至在工程和工藝上的突破很多都是計算數學完成的。在應用領域中，計算數學採取眾多數學之長，且位於所有數學之首，無愧為「應用數學之王」。

【TIP 8】

在一個未知的函數上有幾個已知的點，透過已知的點座標求未知函數的方法叫做插值演算法。在計算數學中，插值演算法分為很多種，比如牛頓插值公式、拉格朗日插值公式和埃爾米特插值公式等。雖然這些插值公式得到的函數不一定是原來那個未知的函數，但在誤差允許的範圍內可以替代原函數進行進一步的計算。本書之前的最小二乘法就是插值演算法中的一種。

81

用數學做出最優的決策

運籌學的發展

　　《史記》中《孫子吳起列傳第五》記載了這樣一個故事：田忌經常和齊國的幾個公子賽馬，並且下了很大的賭注。孫臏發現他們的馬腳力相差不多，並且都根據馬的等級分為了上、中、下三等。孫臏對田忌說：「您只管下大賭注，我幫您取勝。」田忌相信了他，下了千金與齊王和公子們賭馬。

　　比賽快要開始了，孫臏說：「您用下等馬與他們的上等馬比賽，用您的上等馬與他們的中等馬比賽，用中等馬對付他們的下等馬。」三場比賽結束後，田忌以二比一贏得了勝利，最後贏得了千金賭注。這就是著名的田忌賽馬的故事。這個故事看起來是一個策略的問題，但數學家們把它翻譯成了數學語言，進而發展成一套理論——博弈論，而博弈論只是運籌學的一個分支。

　　運籌學是一應用數學和形式科學的跨領域研究，它利用統計學、數學模型和演算法等方法，去尋找複雜問題中的最佳或近似最佳的解答。對於生活中的各種複雜問題，運籌學使用各種數學工具，優化資源配置，提高效率，即

孫臏。

在已有的條件下，經過籌劃、安排，選擇一個最好的方案，就會取得最好的效果。可見，籌劃安排是十分重要的。

運籌學的起源可以追溯到第二次世界大戰時期，隨著戰事的進展，各種軍事資源日漸匱乏，美國開始尋找節省資源的方法。各種軍事管理組織開始雇傭大量數學家研究戰略、戰術和物資分配，而這些人就是最早有意識進行運籌學研究的數學家。運籌學在第二次世界大戰時期發揮了重大的作用，這也讓很多原本質疑數學家能力的人閉上了嘴，運籌學也順理成章地發展起來。

戰爭結束後，工業恢復了發展。工業與日俱增的複雜程度，促使企業把這些工業流程分成若干部分，進行專門化的研究和生產。以一架飛機為例，它的發動機在法國生產、機身在巴西製造，而控制系統則由德國研製，最後再運到美國進行組裝。既然工業生產需要協作完成，那麼如何合理配置這些部分，如何安排工作就成為了一個重點。就這樣，戰爭中立下大功的運籌學再次重出江湖，在工商企業中繼續發揮著重大的作用。看到了運籌學的價值，很多國家開始致力於運籌學的研究和推廣，在西元一九五九年，國際運籌學協會因此宣告誕生。

運籌學的應用廣泛，它的研究物件也不像其他數學科目那麼高深，聽起來比較接近實際，它所包含的內容也很多有規劃論、排隊論、決策論、博弈論、搜索論和可靠性理論都是其研究的重點。其中規劃論的內涵最豐富，在滿足某些要求的條件下，找到解問題的最優解，比如某工廠有兩種原物料用來生產兩種商品，如何分配兩種商品的生產數量，才能在原物料充足的情況下，獲得最大的利潤。根據規劃的特點，有可以

分為線性、非線性、整數和動態規劃等。

排隊論是另一種應用廣泛的運籌學理論。我們知道大型機場要承擔很多飛機的起降，飛機經常要排在一個隊伍中，等待它的起飛指令，而準備降落的飛機也經常遇到沒有跑道需要在機場上空盤旋的情況，如何用有限的跑道承擔更多的起降任務就成了一個運籌學問題。此外，在車票分配、港口建設中，排隊論也有很大的作用。

在田忌賽馬的故事中，孫臏採用的方式就是運籌學中的博弈論。博弈論是兩人在平等的對局中各自利用對方的策略變換自己的對抗策略，達到取勝的目的。一九二八年，數學家馮‧諾伊曼系統地創建了這個學科，並在此後的工業生產和經濟學上廣泛應用。而自從博弈論誕生以來，很多次諾貝爾經濟學獎都授予研究博弈論在經濟學上應用的數學家和經濟學家。

【TIPS】

在運籌學中，有一個名詞叫做「動力系統」。在數學中，動力系統並不是車輛中發動機和動力傳輸的部分，而是在一定規則下，一個點在空間中隨著時間變化的規則。由於這個「點」的不斷變化，所以數學家們需要找到其中最優化配置的時間，比如，如何制定休漁期和捕撈期等，顯然，動力系統也是運籌學的一部分。

第十章

著名的數學家和數學團體

82

與康熙有私交的數學家

萊布尼茲

　　有的歷史學家認為，當李自成打開山海關的城門引清軍入關後，中國開始進入一個落後時期。在科技進步上，清朝統治下的中國不僅止步不前，而且和明朝相比還有一些落後。有資料顯示，八國聯軍進入北京後曾經打開過清朝查封軍火庫，驚奇地發現這些封存了三百年的明朝火槍和火炮竟然比自己手裡用的還先進。清朝閉關鎖國不是妄語，但說清朝的皇帝們對國外的進步一無所知，相信法國數學家萊布尼茲就首先反對。

　　萊布尼茲西元一六四六年出生，二十歲獲得了博士學位，但此時的萊布尼茲對學術並不感興趣，雖然有一份大學的教職在等著他，他還是放棄了。後來，萊布尼茲經人介紹到一個天主教地區的法院工作。法院的工作很清閒，這讓萊布尼茲感到很無趣，於是他開始從事科學方面的研究，當時歐洲的科學研究剛開始興起，幾乎所有的領域百廢待興，在這段時間裡，萊布尼茲撰寫了《抽象運動的理論》和《新物理學假說》，分別投遞給法國科學院和英國皇家科學院，獲得了一致好評。

　　和很多不善言詞的數學家相比，萊布尼茲似乎更樂於並善於交際。

在法院工作一段時間以後，萊布尼茲開始涉足政治領域，他投靠在一個貴族門下，從事反對法國國王路易十四的活動。雖然萊布尼茲最終沒有完成任務，卻結交很多巴黎學術圈的人士，而正是與這些人的交流產生了靈感，萊布尼茲最終發明了他一生最大的貢獻——微積分。

在萊布尼茲四十歲的時候，他接受了另一個貴族的委託研究貴族族譜，為了搜集資料，萊布尼茲隻身前往義大利。當時的義大利雖然在科學上沒有什麼突出的貢獻，但卻是東西方交流的中心，義大利人馬可波羅就曾經到中國遊歷，甚至擔任官員，在義大利掀起了中國熱。

在義大利，萊布尼茲認識了曾經到過中國的漢學大師阿基姆·布韋。

從布韋那裡，萊布尼茲瞭解了當時中國的一切。富庶的中國地大物博，比整個歐洲的面積還要大，中國此時正處在一個名叫「清」的王朝的統治下，不管生活所用還是生產，那裡的富有都不是貧瘠的歐洲能相比的，人民安居樂業，國家機器運轉良好，更重要的是，和法國國王路易十四相比，他們的皇帝更賢明和勤勉。這個叫做康熙的皇帝對歐

康熙讀書像。

洲的科學技術也很感興趣，他甚至為了能學習到歐洲先進的數學知識，允許西方的傳教士傳播基督教，並且聘請他們為自己的私人教師。

萊布尼茲聽到這個消息很興奮，他決定親自給遠在東方的康熙皇帝寫一封信，表達自己的崇拜之情。在給康熙皇帝的書信中，萊布尼茲寫到：「我懷著萬分崇敬的心情給您寫了這封信，做為一名法蘭西數學家，我敬聞陛下您對數學和其他自然科學很感興趣，每日可以閉門三四個小時學習幾何學、三角學和天文學，您又是中國最大的考試主考官，具備無與倫比的知識，於是把我親自發明的機械計算器呈上。」

原來，萊布尼茲那時正在研究二進位，他從中國古老的《周易》發現了二進位的思想並把它用在了自己的研究中，發明了萊布尼茲乘法器。雖然之前帕斯卡發明過加減法的計算器，但萊布尼茲在沒有參考帕斯卡成果不僅製作了能加減的部分，而且製作了能乘除法的部件，甚至還能用來開方。直到一九四八年，IBM 公司在產品中還使用萊布尼茲發明的結構。

萊布尼茲把這台計算器委託阿基姆・布韋帶給康熙皇帝。據傳言康熙皇帝收到機器後賞賜了萊布尼茲。康熙皇帝對此機器評價甚高，但也只是使用過幾次就擺在藏寶閣的紅色盒子中珍藏起來，不聞不問了。

萊布尼茲中年到晚年一直致力於對西方哲學和中國傳統哲學的比較研究。他親自為阿基姆・布韋用法語撰寫的《康熙傳》翻譯成拉丁文，還寫了《論中國伏羲的二進位數字學》。他倡議在歐洲各國設立中國研究院，在中國設立歐洲科學研究機構。

儘管康熙皇帝精通當時的科學知識，但認為這些只是奇技淫巧，沒

有把科學在中國發揚下去。

【TIP 8】

在清朝，西方傳來的數學著作中已經提到了當時歐洲著名的數學家，但名字的譯法和現在多有不同，以微積分的發明者牛頓和萊布尼茲為例，牛頓在當時被譯為「奈端」，而萊布尼茲被譯成「來本之」。比如牛頓撰寫的《自然哲學的數學原理》一書，在十九世紀的漢譯本名稱為《奈端數理》；西元一八五九年，李善蘭和偉烈亞力合譯的《代微積拾級》的序言中也寫到：「康熙時，西國來本之、奈端創微分、積分二術」。

83

偉大多產的數學家

歐拉

　　萊昂哈德・歐拉是數學界公認的四位最偉大的數學家之一。和其他三位相比，歐拉在數學界之外的名氣並不大，沒有讓人津津樂道的故事。他不像阿基米德有翹起地球的豪言壯語、像牛頓被稱為科學的巨人，也沒有高斯在剛學會說話就能計算的天賦，但確實和其他三位數學家的貢獻不分伯仲。

　　歐拉西元一七〇七年出生在瑞士巴塞爾的一個牧師家庭，父親希望歐拉能成為一個神學家，順便教他一點數學，但沒想到歐拉自己在研究帆船桅杆後寫了一篇論文，並且獲得了法國科學院的獎金。從此以後，父親就再也不干預歐拉學習數學了。

　　歐拉十三歲的時候進入巴塞爾大學就讀，十五歲畢業，十六歲獲得碩士學位。

　　歐拉的研究工作大致可以分為三個時期：前聖彼德堡時期、柏林時期和後聖彼德堡時期。歐拉的大學老師約翰・伯努利有兩個兒子在位於聖彼德堡的俄國皇家科學院工作，其中一個兒子病逝後，約翰・伯努利便推薦歐拉接替他兒子的職位。一七二七年，歐拉奔赴俄國。

在聖彼德堡時期，由於支持科學院研究的凱薩琳女沙皇病逝，科學院的待遇每況愈下，這引起了約翰·伯努利兒子丹尼爾·伯努利的反感，他只能返回瑞士，留下歐拉一個人在俄國工作。在俄國工作期間，歐拉在數論、彈道學、力學上做出了很多成果，他甚至還擔任過俄國海軍的軍官、生理研究所所長，幫助地理所的科學家們繪製了俄國全境的地圖。而歐拉也因為工作強度過大，導致自己右眼失明。

歐拉在俄國的生活並不如意，俄國沙皇愈加不重視外國的科學家，讓他們這些離鄉背井的西歐人總受到俄國貴族的歧視。

一七四一年，普魯士腓特烈大帝聽說歐拉的科學研究很廣泛，水準很高，於是邀請他來柏林科學院工作。柏林科學院的時間是歐拉一生中最多產的時光，在這裡他寫下了一生中最重要的兩本著作：《無窮小分析引論》和《微積分概論》。不幸的是，由於歐拉用眼過度，左眼得了白內障，他近乎一個盲人。

但天生樂觀的歐拉並沒有放棄，音樂界的貝多芬失聰後，尚且用頭腦中的音符作曲，數學界的歐拉雙目失明，仍然可以研究和計算。從年輕時起開始，歐拉就有意識地鍛鍊中自己的記憶力和心算能力，以致於十七項的函數級數都能很快地心算出，精確到小數點後五十位，而一般的數學家在紙上演算都沒有他準確。

在歐拉最後的時光裡，他又回到讓他成名的聖彼德堡，在那裡，他的兒子 A·歐拉當他的書記員，幫助歐拉計算、寫作和計算。

歐拉一生都積極樂觀，即使失明也沒有任何沮喪，甚至還可以與友人談笑風生；周圍環境再嘈雜，歐拉也能不受其影響而潛心研究；歐拉

喜歡小孩子，他工作的時候，經常把小兒子抱在腿上，把大兒子放在書桌上，一邊和他們玩耍一邊寫論文；歐拉是一個品德高尚的人，歐拉有名氣的時候，法國數學家拉普拉斯還只是一個十九歲的年輕人，拉普拉斯曾經向歐拉請教數學問題，為了能幫助年輕的數學家出名，歐拉把自己相同的研究成果壓下來，幫助拉普拉斯發表成果，對此拉普拉斯說，歐拉是所有數學家的老師。

一七八三年九月十八日，歐拉在晚餐後和小孫女玩耍。在撿菸斗的時候，歐拉突然抱著頭說：「我死了。」然後再也沒有起來。迄今為止時，任何一本關於歐拉生平的著作都會引用孔多塞的一句話：歐拉停止了計算和生命。就這樣，一位品德高尚、學術精湛的數學家與世長辭。

歐拉在科學上的貢獻很多，他廣泛涉獵於每個數學分支，從分析到代數，從幾何到拓撲，任何一門數學都有歐拉的成果。歐拉方程、歐拉恆等式、歐拉定理等出現在各類數學教材、專著和論文中。歐拉一生寫

第六版十元瑞士法郎正面的歐拉肖像。

下了八百八十六本書籍和論文，平均每年寫八百多頁，甚至他失明之後也沒有受到任何影響。歐拉逝世以後，俄國科學院整理他的研究成果就用了四十七年，八十年之後，數學刊物還在刊登歐拉的論文。

【TIP 8】

　　很多傑出的數學家在小的時候表現出驚人的天賦。相傳歐拉在小時候還沒有學會說話，就已經學會計算了，甚至已經知道了周長一定時，在所有圍成的圖形中，圓的面積最大。歐拉在國小的時候，屢次被學校開除，原因竟然是問題太多，以致於老師都無法回答。

84

微分幾何之王

陳省身

　　儘管華人在思辨能力和數學上弱於西方人，同時中國的數學在世界上也不處在領先地位，但中國仍然有一些有傑出成就的數學家，其中微分幾何領域大師，曾被稱為「微分幾何之王」的陳省身就是其中傑出的代表。

　　陳省身西元一九一一年出生在浙江嘉興，一九二六年進入南開大學數學系，師從數學家姜立夫，後來進入清華大學研究生院跟隨孫光遠博士學習幾何。在當時的清華大學數學系有兩位最出色的學生，陳省身就是其中一位，而另一位是著名數論學家華羅庚。根據諾貝爾獎得主、著名物理學家楊振寧描述，陳省身和華羅庚都是屬於非常聰明的人，如果老師給兩個題目，華羅庚一定會很快給出答案，而陳省身會在一個

陳省身。

月之後才給出答案，同時給出涉及到這個問題的一套完整的理論。在數學研究中，解決問題很重要，但更重要的是能找到問題中蘊含的數學原理，同時把這個問題推廣發明出新的理論，而陳省身明顯屬於後者。

一九三四年，陳省身得到政府資助，到德國漢堡大學攻讀博士學位。在德國，陳省身的幾何水準突飛猛進，僅用一年多的時間就利用《關於網的計算》和《2n 維空間中 n 維流形三重網的不變理論》獲得博士學位，博士論文還入選了漢堡大學數學討論會論文集。

真正讓陳省身成為數學大師的是在法國的時光。博士畢業以後，陳省身前往法國向亨利·嘉當學習微分幾何，亨利·嘉當是當時國際微分幾何學的權威，而他的父親埃利·嘉當是微分幾何界的泰斗。當時埃利·嘉當的年齡已經很大了，但每兩個星期會和陳省身見一次面，對他進行點撥，而剩下的工作都由亨利·嘉當完成。聽君一席話，勝讀十年書，在嘉當父子的幫助下，陳省身的微分幾何水準逐漸步入巔峰，同時也逐漸擴大自己在數學界的名聲。

一九三七年夏天陳省身回國時恰逢日軍侵華，他隨著清華大學轉戰雲南昆明，在清華大學、北京大學和南開大學合併的西南聯合大學講授微分幾何。在西南聯大期間，陳省身把主要精力都放在教學上，很少有時間從事研究。直到五年後，應美國普利斯頓高等研究院邀請，陳省身擔任研究員。隨著歐洲的政局不穩戰火不斷，很多歐洲科學家都應邀去美國發展，他們大多數都進入了普林斯頓高等研究院，這時的普林斯頓儼然已經成為世界數學和其他自然學科研究的中心。在這裡，陳省身寫下了微分幾何界劃時代的論文《閉黎曼流形的高斯——博內公式的一個

簡單內蘊證明》和《埃爾米特流形示性類》。

抗戰勝利後，陳省身回到中國，擔任南京中央研究院數學所所長，培養了一批知名的拓撲學家。一九四九年年初，中央研究院遷往臺灣，陳省身受到著名物理學家奧本海默的邀請，再次前往美國，並於一九六〇年後加入美國國籍，一九六一年，陳省身評選為美國科學院院士，成為當時美國數學會副會長，直到一九八〇年退休，陳省身一直在美國加州大學伯克利分校工作。

雖然已經加入了美籍，但退休以後的陳省身把餘生奉獻給了中國。從八〇年代開始，陳省身就經常回國，協助創建南開大學數學研究所，為中國青年數學家與國外交流搭建橋樑，而現在南開大學和南開大學數學研究所也成為中國數學的中心之一。二〇〇二年，在陳省身的努力下，國際數學家大會在北京召開，而這次會議也成為歷史上最大的一屆數學會議。

在華人數學家中，陳省身有著至高無上的地位，在俄羅斯評選的二十世紀數學家排名中，陳省身排在第三十一位；對幾千年來幾何學家排名，陳省身位列歐幾里得、高斯、黎曼、嘉當之後，成為名副其實的現代微分幾何之父。他的學生丘成桐也深得其真傳，獲得了菲爾茲獎和沃爾夫數學獎。

　　晚年的陳省身仍然非常關注青少年的數學教育。在他的倡議下，中國少年科學院在二〇〇二年推出了走進美妙的數學花園論壇，並設置了相應的競賽——走美杯，並向全國少年兒童推廣，同時當時九十一歲高齡的陳省身還為這個活動題詞——數學好玩。目前，走美杯已經成為中小學生中最知名的數學競賽之一。

85

不為政治折腰的數學家

柯西

對普通人來說，理論科學家的研究實在太遙遠了，即使是經常聽說的愛因斯坦的狹義和廣義相對論，還是波爾的量子力學，都和普通人的生活沒什麼關係，而對於數學家的研究成果普通人就更沒有概念了。正是因為對科學家的不瞭解，以致於他們很容易被貼上「聖人」的標籤。

實際上這些科學家和普通人沒什麼區別，有品德低下如愛迪生欠特斯拉的錢不還，利用自己的名聲打壓年輕科學家之流，有睚眥必報如牛頓成名後把胡克——曾經鄙視過年輕時的牛頓——研究成果都收入囊中，還有見風轉舵的諂媚於各個政權的法國數學家拉普拉斯。但同時也有像柯西這樣不為政治折腰的數學家。

西元一七八九年，柯西出生在法國一個律師家庭。柯西的父親與當時法國著名數學家拉格朗日和拉普拉斯是好朋友，經常帶著柯西到他們家中做客。兩位科學家發現柯西有著極高的數學天賦，於是建議柯西的父親讓他先學習文學，然後再進行專業的數學訓練。於是年少的柯西在父親的幫助下學習了大量

柯西。

文學作品，累積了很高的文學素養。

　　一八〇二年，柯西進入中學學習，由於他良好的文學素養和數學天賦，每次考試都名列前茅。在大學時，柯西學習了數學和力學，畢業後成為一位工程師。在工作中之餘，柯西通讀了拉格朗日的《解析函數論》和拉普拉斯的《天體力學》，在拉格朗日的幫助下，柯西向法國科學院提交了兩篇拓撲學和積分學論文，同時把函數的研究成果應用在流體力學中，這些給他帶來了無限的名譽，使他年少成名。

　　當時的數學家都有很深的政治背景，像拉格朗日等人不僅在科學院工作，而且還擔任地方行政長官，對出身社會名流的柯西來說，政治也不可避免。柯西受他父親政治主張的影響，屬於保皇派，任何革命行動都無法使他的政治信仰動搖。在柯西生活的年代，法國波旁王朝兩次復辟，三次滅亡，但柯西都拒絕向新皇帝效忠，甚至被驅逐出國，流亡到捷克和義大利，直到法國廢除宣誓規定後，柯西才回到巴黎。到拿破崙三世恢復效忠的時候，面對執拗的柯西，法國皇帝沒有辦法，只能宣布柯西可以免除宣誓效忠。

　　在柯西等數學家和物理學家的努力下，法國通過了一項迄今所有學術界最大的成就：大學教授享受學術自由，他們不需要為任何一個政權效忠，也不用更改自己的政治信仰。這是對科學家和知識份子最大的尊重。而後這個規則很快就被世界各國模仿，大學成為學術自由的場所，也成為科學家們免於政治迫害的保護傘。

　　在柯西的研究中期，他完成了在數學上最大的貢獻──創立了極限理論。當時距離微積分發明已經歷時一百多年，但微積分的基礎仍然有

很多漏洞，其中最大的問題是什麼是無窮小。柯西利用不斷趨近的極限理論漂亮地解釋了什麼是無窮小，解決了困擾數學家們一個多世紀的問題，在分析學中，柯西收斂準則、柯西不等式、柯西序列等成果幾乎都是他靠著一己之力推出的。

所謂人無完人，柯西也不例外。柯西在成名並且成為法國數學界中流砥柱以後，似乎忘記了自己在年輕的時候也曾經被當時如日中天的數學家拉格朗日和拉普拉斯幫助，才有了現在的成就。在法國科學院工作時期，柯西曾經犯過兩次錯誤。挪威青年數學家阿貝爾曾經為柯西郵寄過有劃時代意義的論文，甚至親自拜訪柯西，柯西認為挪威這個偏遠的國家不會有什麼人才，於是沒有重視阿貝爾。而這直接導致阿貝爾找不到研究工作，貧病交加死去，年僅二十七歲。

法國數學家伽羅華也受到了柯西這種「待遇」，柯西甚至看都沒有看就直接丟到角落裡了，柯西同樣沒有改變伽羅華的人生軌跡，這個天才二十一歲就去世了。固然柯西對分析學的發展做出了不朽的貢獻，但他拒人於千里之外，耽誤代數學發展近一個世紀，也讓人深感遺憾。

以柯西命名的數學定理和公式很多，其中最簡單的是柯西不等式：$\sum_{k=1}^{n}a_k^2\sum_{k=1}^{n}b_k^2 \geq (\sum_{k=1}^{n}a_kb_k)^2$，即 $(a_1^2+a_2^2+...+a_k^2)(b_1^2+b_2^2+...+b_k^2) \geq (a_1b_1+a_2b_2+...+a_kb_k)^2$，其中 a_i, b_i, $i=1, 2..., k$ 都是實數。這個不等式可以用向量的方法證明。

86

英年早逝的天才

伽羅華

　　西元一八三二年五月三十日凌晨的巴黎有些陰冷，葛拉塞爾湖畔的兩個年輕男子殺氣騰騰地進行著殊死決鬥。在決鬥之前，他們簽訂了生死契約，約定在二十五步以外互相拿手槍進行互射，勝者可以帶走他們心愛的女孩。突然一顆子彈劃過冰冷的空氣，其中一個年輕人還沒有反應過來，子彈已經射入他的腹部，他應聲而倒。這個年輕人就是近世代數的創始人埃瓦里斯特·伽羅華。

　　伽羅華一八一一年十月二十五日出生在一個知識份子家庭。伽羅華的父親是一位出色的政治家，曾經擔任市長。伽羅華年幼的時候並沒有去學校讀書，只是在家跟著母親學習計算和文學。到了十二歲的時候，伽羅華進入路易皇家中學學習，儘管讀書比較晚，之前也沒有接受過專業的教育，但這並不影響他在學校的成績。到了伽羅華十六歲的時候，他的老師發現伽羅華很有數學天賦，並且想法奇特、怪異、有原創力，於是有意識地教他更高深的數學知識。在老師的教育下，伽羅華放棄了其他所有的科目，潛心研究數學。由於伽羅華在其他科目上太弱了，考官又沒有發現他在數學上的才能，於是伽羅華在報考大學的時候落榜

了。

　　伽羅華的家境不錯，有足夠的錢支持他在家學習，兩年之後，伽羅華把他關於代數方程解的論文——五次以上方程沒有求根公式——交給法國科學院的數學家柯西主審，令人遺憾的是柯西沒有重視這篇文章，丟在一邊就忘記了。伽羅華發現，如果不進入大學學習，自己的研究成果很難被承認，於是加緊複習，準備再次報考大學。雖然這次伽羅華準備比較充分，但他的父親由於競爭對手的中傷，含恨自殺了。家庭變故讓伽羅華難以承受，心情受到了很大的影響，第二次考試也失敗了。

　　經過幾番周折，伽羅華終於進入了法國高等師範學校學習，他聽聞很多著名數學家打壓年輕的數學家，經過深思熟慮，他把之前的論文經過修改送到數學家傅立葉那裡，沒想到傅立葉準備研究伽羅華成果的時候，卻突然病逝了，伽羅華的成果又一次被掩埋。

描繪法國七月革命的名畫《自由引導人民》。

接二連三的厄運讓伽羅華變得更加極端，他開始涉足政治，變成了狂熱的激進派。一八三〇年七月革命爆發，剛剛復辟的保皇黨又被推翻，但巴黎高等師範學校的校長為了防止學生參與過多的政治事件，封鎖了學校。伽羅華不明白校長的好意，在校刊上對校長進行抨擊，學校忍無可忍，最後只能把伽羅華開除。出了學校的伽羅華變得更為激進，因為革命的反覆，支持共和的伽羅華兩次入獄。

　　在監獄裡的伽羅華變得意志消沉，他曾經多次想到自殺，但最終還是被監獄醫生給救活了。為了防止伽羅華再次自殺，醫生決定讓自己的女兒陪這個年輕人聊聊，畢竟年輕人之間能互相瞭解，也更有話說。見到了醫生漂亮的女兒，伽羅華的情緒緩和很多，醫生的女兒也被這個優雅的年輕人吸引，兩個人相愛了。對伽羅華來說，這個女孩是他唯一的希望，他迫不及待地要出獄和這個女孩結婚。

　　讓伽羅華始料未及的是，當他滿心歡喜地出獄後，發現這個女孩在外面還有一個男朋友，而女孩猶豫不決，在伽羅華和那個人之間無法做出選擇。

　　痛苦的伽羅華被愚蠢蒙蔽了頭腦，決定與那個男人在五月三十日決鬥。

　　在決鬥的前一天晚上，伽羅華決定盡可能地把他在數學上的成果都寫下來。從夜幕降臨到子夜時分之前，筆尖劃過紙面的沙沙聲響徹在空蕩房間的上空，伽羅華不停歇地在書的空白頁上寫著，他已經能預料到自己的死亡，於是他寫到：「關於這些問題，我有很多奇妙的理論，但我已經沒有時間了。」而正是這些幾個小時撰寫的草草的提綱，可以讓

世界上絕頂聰明的數學家們一起研究幾百年。甚至在臨行前，伽羅華委託他的朋友舍瓦利耶，把自己的論文轉交給高斯和雅可比，請他們評價自己的工作。

　　伽羅華的早逝是數學界最大的遺憾，他就像一顆流星一樣偶降在世上，又轉瞬即逝。數學家們在評價伽羅華的工作的時候，無一不為他巧妙的構思和超強的洞察力感到驚嘆，也無一不為他留下的深邃的理論感到困惑——不知什麼時候才能完全理解——雖然這個對伽羅華來說很簡單。

【TIP 8】

　　伽羅華用群論的思想解決多項式問題進而引出了一系列的理論，這些理論統稱為伽羅華理論。這個理論不僅可以解釋五次和五次以上方程沒有求根公式，也可以解釋高斯關於尺規做多邊形的論證，還可以漂亮地解釋古希臘三大幾何作圖問題中的兩個，觀點新穎、內容深邃。有數學家認為，伽羅華理論給數學界留下了工作至少需要兩三百年才能完成。

87

數學界的無冕之王
希爾伯特

西元一九〇〇年八月八日在法國召開的
國際數學家大會上，一位並不出眾的數學家
震驚了在場所有的人。這位數學家列席數學
史和數學教育兩個小組，做了一個名為《未
來的數學問題》的演講，在演講中，他提出
了二十三個重要的數學問題，並號召全世界
數學家聯合起來一起解決。他就是著名的數
學家——希爾伯特。

希爾伯特。

希爾伯特出生在數學名城哥尼斯堡，在
中學時期，就對數學產生了濃厚的興趣。雖
然父親希望他學習法律，但他仍然堅持自己的意見，進入哥尼斯堡大學
攻讀數學系。僅僅經過四年的時間，希爾伯特就完成了大學全部課程，
提前完成了博士論文的答辯。由於他優異的成績和傑出的數學才華，
希爾伯特留校任教並在一八九三年擔任數學系教授。兩年之後，希爾伯
特應邀前往哥廷根大學擔任教授，在那裡結識了很多知名的數學家。希

爾伯特獲得過很多數學大獎，並且致力於培養年輕數學家，有「代數女皇」之稱的諾特曾經在哥廷根大學工作，希爾伯特發現了她的才華，極力推薦諾特擔任數學講師，這引起很多其他學科教授的反對，他們認為女人能學習數學已經是對她們最大的寬容了，怎麼能讓女人在大學裡教書呢？但希爾伯特力排眾議堅持讓諾特代課，甚至把自己的課也讓給諾特。

希爾伯特也是一個反戰人士，他利用自己的威望公開反對德國政府對其他國家的侵略行徑，即使在第一次世界大戰的時候，他也公開表示對被侵略國家數學家的同情。到了第二次世界大戰前夕希特勒上臺，他也不顧自己年事已高，堅持反對納粹政府。

真正奠定希爾伯特在數學界地位的是他在第二次國際數學家大會上的演講，在《未來的數學問題》中，希爾伯特高瞻遠矚，根據十九世紀數學的進展對未來進行展望，整理並提出了二十三個數學問題。雖然在數學上提出問題並不是什麼難事，但能提出包羅萬象，有很深刻含意的問題卻不是那麼容易的事情。在希爾伯特時代，數學已經出現了明顯的劃分，每個數學學科都晦澀難懂，想要搞清楚其中幾個都是很困難的事情，但希爾伯特在數學各個分支廣泛涉獵，能理解每一個學科中的問題和進展。同時，希爾伯特有著深刻的眼光，他看到了哪些問題不容易解決並且有極強的推廣價值，就把它列入二十三個問題中。

希爾伯特認為，每個年代都有每個年代的問題，這些問題有的能解決，有的暫時解決不了，但任何一個數學問題一定有它最終的結論。這些問題是最有價值的問題，解決了它們，數學會發生翻天覆地的變化。

現在距離希爾伯特演講已經歷時了一百多年，希爾伯特二十三個問題中已經有一些得到了完美的解決，另一些卻沒什麼頭緒。在解決的問題上，很多結論都成為了現在數學研究的重點，這也說明了希爾伯特的眼光獨到、思維深刻。由於希爾伯特給各個學科的數學家指明了道路，所以他也被稱為數學的無冕之王。

如果論品德的高尚和學術的前瞻性，沒有一個數學家可以和希爾伯特媲美。而關於希爾伯特的敬業也成為數學家們津津樂道的話題。有一則關於希爾伯特的故事是這樣的：希爾伯特的一個學生因為車禍去世，做為知名數學家和導師，希爾伯特被學生的父母邀請在葬禮上致詞。面對眾多來賓，希爾伯特拿著演講稿說道，我的學生在數學上有很大的天賦，在學業上也非常努力，他的英年早逝對數學研究來說是一個重大的損失……他的研究方向是對函數論，說起函數論，有一個重要的結果，如果把可微函數看成是一個整體……希爾伯特說著說著，竟然開始講起數學來，弄得嘉賓尷尬不堪。希爾伯特就是這樣的一個人，他沒有伽羅華的天才，也沒有歐拉的高產，但誰也不否認他的努力，以及他對數學界做出至高無上的貢獻。

　　希爾伯特二十三個問題在當時非常有代表性，時至今日，有些問題已經得到解決，有些仍然是個謎，還有一部分問題已經解決了一部分。

這些問題分別是：

一、康托的連續統基數問題，已解決。

二、算術公理系統的無矛盾性，已解決。

三、兩個等高等底的四面體體積相等，已解決。

四、在任何空間中，直線做為兩點間的距離最短，沒有完全解決。

五、不要定義群的函數的可微性假設的李群概念，已解決。

六、物理公理的數學處理，未解決。

七、某些數的無理性和超越性，沒有完全解決。

八、質數問題，未解決。

九、任意數域中最一般的互反律證明，已解決。

十、丟番圖方程可解性判斷，已解決。

十一、係數為任意代數數的二次型，沒有完全解決。

十二、阿貝爾域上克羅內克兒定理推廣到任意代數有理域。沒有完全解決。

十三、不可能只用兩個變數的函數解一般的七次方程，沒有完全解決。

十四、證明某類完全函數系的有限性，已解決。

十五、舒伯特計數演算的嚴格基礎，沒有完全解決。

十六、代數曲線和曲面的拓撲，沒有完全解決。

十七、正定形式的平方表示式，已經解決。

十八、由全等多面體建構空間，沒有完全解決。

十九、正則變分問題的解是否一定解析，已經解決。

二十、一般邊值問題，沒有完全解決。

二十一、具有給定單值群的線性偏微分方程的存在
　　　　性，已解決。

二十二、解析關係的單值化黎曼曲面體，沒有完全
　　　　解決。

二十三、變分法的進一步發展，沒有完全解決。

88

悖論的最終解決

哥德爾

在希爾伯特提出二十三個問題中，第二個問題非常引人注目：能否建立一組公理體系，使一切數學命題原則上都可以由此經過有限步驟推出這個命題的真偽，這就是公理體系的「完備性」。儘管這句話看起來很複雜，但我們可以換一種說法──能不能找到最基本的不用補充的一套理論，這套理論互相不矛盾，不管什麼問題，都可以用這套理論證明正確或者錯誤。更進一步講，不可能出現一個大一統的理論，可以證明所有事情，因為總會出現例外的情況。希爾伯特這個問題看起來和數學沒有關係，實際上卻屬於數學的一個分支──數理邏輯。

希爾伯特之所以提出這個問題，是因為在不久之前發生了第三次數學危機，由於集合論出現了始料未及的問題，讓數學家們開始懷疑自己的工作。希爾伯特期待數理邏輯學家證明他提出的這個問題的正確性，好讓數學家們專心對他們的研究學科嚴格公理化，不用擔心研究會出現什麼邏輯問題，尤其是在很多猜想給數學家們信心，告訴他們一定能證明或者證偽，只是時間問題。但好景不常，這個問題被著名數學物理學家哥德爾證明了。

哥德爾出生在捷克的布爾諾，在他小的時候曾經受到了飛馳的馬車的驚嚇，從此性格變得內向、沉默寡言。強烈的刺激似乎對哥德爾的智商產生了重大的影響，哥德爾的成績在學校裡一直出類拔萃，但他一直為人謹慎小心，從來不出任何細小的差錯。

　　西元一九三〇年，哥德爾在維也納大學獲得了博士學位，並留校任教。第二年，哥德爾證明了哥德爾不完備定理。

　　這個定理包括兩條，第一不完備定理：任意一個包含一階謂詞邏輯與初等數論的形式系統，都存在一個命題，它在這個系統中既不能被證明也不能被否定；第二不完備定理：如果系統 S 含有初等數論，當 S 無矛盾時，它的無矛盾性不可能在 S 內證明。

　　這兩條定理徹底擊碎了很多數學家的夢想——尋找一個包羅萬象的理論解釋一切事情是不可能的。據說希爾伯特聽到這個消息，感到非常憤怒。他憤怒的不是哥德爾證明了這個定理，事實上他也想知道這個問題的答案，而是他的美好夢想的破碎，但事實就是事實，希爾伯特不得不接受這個結果。

　　數理邏輯學家們一直致力於消除那些似是而非的悖論，有的悖論是因為數學發展不完善造成的，而有的悖論純粹因為邏輯的問題，其中有一個說謊者的故事就是這樣的例子：一個人說「我說的話都是假的。」不論這個人說的是真是假都會產生矛盾。哥德爾定理說明了這種語義無法避免，在現有的邏輯下，你既不能判斷它正確也不能判斷它錯誤。

　　由於歐洲戰火綿延，和很多其他科學家一樣，哥德爾也來到美國。一九三八年，哥德爾在美國普林斯頓高等研究院任職。

在這裡他和愛因斯坦成為好朋友。愛因斯坦外向，喜歡交朋友，哥德爾內向沒有什麼朋友，兩個人都是極度聰明的人，對話時往往只需要三言兩語就明白對方的意圖。

哥德爾和愛因斯坦。

研究數理邏輯學的人很容易走入極端，就連問候語「你好」，都能讓他們產生豐富的聯想，而哥德爾就是這樣的人。一九四八年，愛因斯坦做為擔保人介紹哥德爾加入美國國籍。在宣誓的前一天晚上，愛因斯坦再三叮囑哥德爾在移民官面前不要亂說話，哥德爾答應了。

第二天在面試官面前，哥德爾欲言又止，最後終於忍不住了，他大聲說道，美國憲法有問題，這個問題可能會導致獨裁！看到要出問題，站在一邊的愛因斯坦馬上轉移話題，哥德爾順利加入美國國籍。事後，愛因斯坦質問哥德爾，哥德爾說他實在無法容忍憲法的漏洞，實在憋不住要提出來。

愛因斯坦的死對哥德爾打擊很大，讓他失去了精神支柱。哥德爾在晚年得了精神病——很多過分思考的人都失去了正常的心理狀態。他曾經和他的學生說，自己只能證明什麼是錯的，卻無法證明命題的正確了。最後，可憐的哥德爾懷疑有人要毒死他，絕食很多天，去世的時候只有不到四十公斤。

解決其它數學難題時，大多數數學家們都比較有把握，在工作之初基本就可以認定自己能證明或者不能證明，而公理化體系的完備性的證明卻不是這樣，就連哥德爾都承認，自己的運氣非常好，開始工作的時候，自己一點把握也沒有；而問題得以證明的時候，連自己都不能相信這麼難的問題已經被解決了。

89

數學、物理和電腦全才

馮‧諾伊曼

電腦是二十世紀人類最重要的發明，它把科學家們從繁重的計算中解放出來，極大的推動了航太事業和武器工業的快速發展。實際上，電腦不僅是處理器、記憶體、輸入輸出等設備簡單地合成，這些硬體能處理複雜問題，是因為它把數學物件轉化為電子信號進行處理，最後再還原回數學物件。在實現這個問題上，美國數學家馮‧諾依曼就有著不朽的貢獻。

馮‧諾伊曼。

馮‧諾依曼西元一九○三年出生在匈牙利布達佩斯的一個銀行家家庭，父親對馮‧諾依曼的教育非常重視。在父親的教導下，馮‧諾依曼展現了出眾的才華，為了學習古希臘數學著作，他六歲的時候就熟練掌握了希臘語，八歲的時候學會了微積分，到了十二歲就能閱讀高深的高等數學論文，還能完全理解。馮‧諾依曼是個語言天才，他一生掌握了七種語言，經常用德語思考，用英語寫作，

這也為他閱讀各個國家的科學著作打下了深厚的基礎。在馮・諾依曼二十二歲的時候，他獲得了布達佩斯大學數學博士學位，在歐洲時期，馮・諾伊曼還曾經擔任過數學家希爾伯特的助手，成為數學無冕之王的左膀右臂。

一九三〇年，馮・諾依曼應普林斯頓大學的邀請，前往美國就職，在一九三三年普林斯頓高等研究院成立的時候，他又成為六位籌建者之一，當時他年僅三十歲。

馮・諾依曼一生中的成就眾多，即便一個都能讓他名垂青史。在歐洲的時候，在哥德爾證明不完備定理之前，馮・諾依曼撰寫了《集合論的公理化》做為博士論文，為集合論在邏輯上掃除了障礙，因為集合是所有數學的基礎，他的工作也被認為奠基了整個現代數學，同時也為後來電腦的發明提供了數學條件。

新世紀的物理學有兩大貢獻，一個是廣為熟知的廣義相對論，另一個就是量子力學，但兩者的完善都需要很高深的數學。馮・諾依曼為量子理論需要的數學打下了基礎，在運算元環理論、運算元譜理論、各態遍歷定理、埃爾米特運算元上有著很大的貢獻，而這些成果只是他龐大成果中的冰山一角。馮・諾依曼的數學工具讓理論物理學家如虎添翼，獲得了很多珍貴的成果，他也因此進入了物理學家的行列。

馮・諾依曼絕不僅僅具有物理學家的才能。在自己的本職數學專業上，他橫跨了純粹數學家和應用數學家兩個派別，為發展中純粹數學的應用化做出了貢獻，其中最重要的就是偏微分方程的應用。在導彈、火箭、原子彈、氫彈、氣象學的發明者名單上，都寫著馮・諾依曼的名字。

他把艱深晦澀的數學原理用於建構這些超級武器上，成為跨界最多，也是最重要的數學家。

馮‧諾依曼是反戰人士，當第一顆原子彈在日本廣島爆炸後，他和奧本海默、愛因斯坦等科學家都非常後悔造出這個可以毀滅全人類的武器。於是馮‧諾依曼決定把自己的精力放在電子電腦和自動化理論。在一九四六年，世界上第一台電腦在美國賓夕法尼亞大學誕生，馮‧諾依曼在實現電腦數學計算上有著關鍵性的貢獻，也因此被稱為「電腦之父」。

令人驚訝的是，這樣一位數學、物理和電腦全能的科學家，最初獲得的學位竟然是蘇黎世高等技術學院化學系的大學學位，也就是說，馮‧諾依曼沒有機會研究化學，如果他願意，完全可以再成為一個化學家。另外，在經濟學上馮‧諾依曼開創了博弈論，而很多經濟學家沿著馮‧諾依曼的工作做下去，使整個經濟學煥然一新。

關於馮‧諾依曼聰明的頭腦流傳著很多有趣的故事，其中一個故事是這樣的：一天，一位數學家朋友到馮‧諾依曼家做客，他出了這樣一道問題：A、B兩人在間隔為 10 的兩地相對而行，A 速度為 2，B 的速度是 3，A 牽了一隻狗，狗向 B 跑去，遇到 B 後再跑到 A，遇到 A 再跑到 B，已知狗的速度是 5，當兩人相遇的時候，狗一共跑了多遠。

馮‧諾依曼聽到這個問題以後思考了兩秒，給出了答案 10。這個朋友頓時哈哈大笑，揶揄馮‧諾依曼這樣的大數學家也知道這麼無聊的問題，而且肯定也聽過這道題的解法：兩個人速度和為 5，相遇需要的時間為 2，而狗的速度是 5，相乘就得到了狗跑了 10。

聽了朋友的答案，馮·諾依曼大吃一驚，他說還能這麼解呢？我從來沒想過。他的朋友不解：那你是怎麼這麼快速算出來的？

馮·諾依曼解釋道：「你這個演算法確實很簡單，比我的簡單多了，我是模擬狗在他們中間的跑動，把時間一段一段相加的。」聽了馮·諾依曼的解法，這位數學家朋友大吃一驚，如果採用這種方法，他需要在紙上建立函數，計算級數，至少要花上十分鐘才能解答，而馮·諾依曼在腦子裡想了兩秒給出了答案！

【TIPS】

馮·諾依曼很喜歡玩撲克牌，不過這位天才數學家在撲克牌遊戲中總是輸家，這讓很多人都取笑他——你的心算能力這麼強，怎麼總輸呢？馮·諾伊曼思考後發現，自己總是在心中計算遊戲中的機率，卻沒想過出什麼牌都是人控制的，在遊戲中不僅有機率，更有人與人之間的博弈。受到了撲克牌遊戲的啟發後，馮·諾依曼開創了博弈論。

90

住在原始森林裡的天才
佩雷爾曼

天才難以被常人理解，他們擁有超強的大腦，同時也擁有不被普通人理解的個性。在他們的世界裡，名利、金錢都沒有意義，而數學中簡略的符號，深刻的含意遠遠比這些身外之物有價值得多。很多人惋惜魯莽和愚蠢戰勝了伽羅華，想不通哥德爾為什麼要鑽牛角尖失去了對日常生活的判斷，甚至糾結於格羅滕迪克極端反戰。但正是這種性格讓他們有了區別於芸芸眾生的「超能力」，為人類的進步舖平了道路。在成就和性格上，下面這位與上述數學家相比，似乎有過之而無不及，他就是著名數學家格里戈里‧佩雷爾曼。

佩雷爾曼西元一九六六年出生在前蘇聯的聖彼得堡。在他四歲的時候，佩雷爾曼就認為小孩子玩的遊戲都是小兒科的事情，把自己的全部精力都放在了閱讀國小數學課本和與父親下國際象棋。佩雷爾曼六歲時，他進入母親任職的學校學習，當其他同學還在

佩雷爾曼。

紙上計算剛學會的加減法時，佩雷爾曼就能在大腦中心算多位數的加減乘除四則運算了。他不僅功課好，同時也願意幫助其他同學，成績不好的同學在他的幫助下進步快速，很快就變成了班上的前幾名。

十六歲時佩雷爾曼進入中學學習。在高一的時候，佩雷爾曼就入選前蘇聯數學奧林匹克國家隊參加國際數學奧林匹克競賽，並完美解答出全部的六道問題，獲得了滿分，也成為這個競賽歷史上第一個獲得滿分者。儘管現在國際數學奧林匹克競賽中滿分並不罕見，但這些都是經過長時間訓練獲得的成果，而佩雷爾曼沒有經過任何訓練和輔導，就取得了這樣的成績。

佩雷爾曼出色的數學水準引起了美國的注意，他們認為這個年輕的中學生前途不可限量，於是邀請佩雷爾曼到美國讀書，並給予他高額的獎學金，但當時美蘇關係不好，佩雷爾曼由於對國家的情結放棄了。但和美國相比，前蘇聯也是數學強國，佩雷爾曼並不惋惜，他在聖彼得堡大學數學系獲得學士學位，進入前蘇聯科學院斯傑克洛夫數學研究所攻讀碩士和博士學位。在前蘇聯的教育系統中，博士的含金量很高，在歐美教育體系中的博士才相當於前蘇聯的副博士學位。

一九九一年前蘇聯解體，身為猶太人的佩雷爾曼家族也置身在移民的大潮中，但這時佩雷爾曼的家庭卻出現了分裂——父親和妹妹堅決要移民，但母親一定要留在俄羅斯。這件事對佩雷爾曼影響很大，他決定陪在母親身邊，永遠都不離開俄羅斯。佩雷爾曼在美國做訪問學者時，幫助美國數學家解決了很多問題，這再次引起了美國大學對這位昔日數學神童的興趣，美國幾乎所有的頂尖大學和研究所都邀請佩雷爾曼前來

工作，但他一一都謝絕了。

　　真正把佩雷爾曼推到風口浪尖的是世界性難題——龐加萊猜想得到證明。二○○二年，佩雷爾曼把關於龐加萊猜想的證明寫到了自己的部落格中，一時間引起了全世界數學家的注意，雖然他的證明過程極度簡略，但數學家們毫不懷疑佩雷爾曼的人品和能力——他是個極度善良的人，絕對不會撒謊；他同時也是數學天才，他的證明一定不會錯。

　　讓佩雷爾曼始料未及的是，各路媒體蜂擁而至到他的住所採訪，這讓佩雷爾曼和他的母親難以承受，只能躲在原始樹林的小房子裡度日。

　　佩雷爾曼看起來很簡單的問題，但對其他數學家來說需要消化一段時間。不久一些數學家利用佩雷爾曼的提示宣布解決了龐加萊猜想，這讓佩雷爾曼很生氣。熟悉他的數學家們都說，佩雷爾曼並不是因為自己的成果被剽竊而生氣，他是因為學術界爭名奪利的氛圍感到憤慨。在一起工作的時候，佩雷爾曼為很多不公正的事情打抱不平，同事弄虛作假他管，研究經費浪費也管，甚至被頒發各種數學獎時，他也認為自己沒有資格而放棄領獎。對學術界不公正現象感到絕望的佩雷爾曼終於放棄了數學研究，他和母親在樹林中的小木房再也不見眾人，依靠著母親微薄的退休金勉強度日。

　　二○○六年，國際數學家大會在西班牙馬德里召開，國際數學聯合會決定把數學最高獎——菲爾茲獎授予佩雷爾曼。輾轉聯繫到佩雷爾曼時，他卻以各種理由百般推辭領獎，原因都很可笑，不是沒有錢買機票就是沒有得體的衣服，而實際上，佩雷爾曼早就因為解決龐家萊猜想而被美國可克雷數學研究所授予一百萬美元的大獎，但他也拒絕領取。

【TIPS】

　　雖然佩雷爾曼生存在前蘇聯這個重視意識形態的國家，但他本人在思想上並沒有受到什麼「教育」。這是因為他就讀的學校是一所為培養特殊數學人才的學校——柯爾莫哥洛夫創辦的列寧格勒二百三十九號專業數學學校，在這個學校裡的天才們有一個特權，即不需要學習思想政治等課程。

91

華人數學之光
陶哲軒

在當今數學界頂尖的數學家中，有一位華裔數學家非常引人注目。和其他古怪的數學家不同，他性格開朗，喜歡和各種人交流；他年少成名，在讀書的時候就取得過非凡的成績；他在數學上廣泛涉獵，數論、分析學都是他的掌中之物。這個人就是任教於美國加州大學洛杉磯分校的陶哲軒。

陶哲軒的父母都畢業於香港大學，父親是一位牙科醫生，全家於西元一九七二年移民澳大利亞，陶哲軒一九七五年出生在澳大利亞的阿德萊德，屬於第二代華人。陶哲軒在幼年的時候就顯示了出眾的數學天分，曾經四歲的時候就教八、九歲孩子數學運算，六歲自學微積分，七歲進入高中讀書，九歲進入大學，十歲的時候就入選澳大利亞數學奧林匹克國家隊，參加國際數

陶哲軒。

學奧林匹克競賽。

在他連續三年的參賽中，陶哲軒分別獲得了銅牌、銀牌和金牌，創下了參加此類比賽最年輕的選手和最年輕的得獎者兩個紀錄，而他十二歲獲得金牌的紀錄迄今為止沒有人能打破。

陶哲軒的兩個弟弟陶哲淵和陶哲仁同樣具有很高的智商，其中陶哲淵是澳大利亞國際象棋的冠軍，同時也精通音樂。兩個人同時參加了一九九五年的國際數學奧林匹克競賽，都獲得了銅牌，更有趣的是，兩個人在六道題上採用了相同的解法，獲得了相同的分數。

陶哲軒的出色讓他的父母感到很擔憂。歷史上有很多年少時頗有天賦的人，很早成名，但沒有得到良好的教育，以致後來很少能得到好的發展。

如果陶哲軒是個神童，那麼他就應該接受神童應該有的教育，如果不是，就做為普通孩子看待。應一位數學家邀請，陶哲軒的父親帶著他到美國接受測試。這位數學家對測試的結果很驚訝，陶哲軒確實是一位難得的天才，這個結論終於讓陶哲軒父母放心下來。但後來這位數學家有些害怕地回憶，幸好我當時做出了肯定的回答，沒有埋沒一個天才，否則我今天都會覺得自己是一個傻瓜。

陶哲軒的性格開朗，他非常喜歡和其他人一起工作，哪怕研究的方向完全不相干。他曾經說過：「我喜歡與合作者一起工作，我從他們身上學到很多。實際上，我能夠從諧波分析領域出發，涉足其他的數學領域，都是因為在那個領域找到了一位非常優秀的合作者。我將數學看作一個統一的科目，當我將某個領域形成的想法應用到另一個領域時，我

總是很開心。」

　　對很多一流的數學家來說，陶哲軒也是一位非常好的合作者，他能很好地傾聽其他數學家的意見，並且給出自己獨到的見解。甚至在路上偶遇一位物理學家，這位物理學家和陶哲軒一樣去幼稚園接孩子放學，都能和他一起討論一會兒，而物理學家回去就可以根據陶哲軒的啟發撰寫論文。

　　陶哲軒在數學界裡有非常好的人緣和號召力，誰有困難都喜歡找他商量，而他有問題就會有很多數學家出現幫助他解決。

　　陶哲軒的成果也遍布數學中各個學科，短短幾年內就撰寫了一百多篇高水準論文，遍及調和分析、偏微分方程、組合數學、分析數論等領域。

　　陶哲軒讀完博士後，留校任教，在二十四歲的時候就成為美國加州大學洛杉磯分校的正教授。在二○○六年的國際數學家大會上，陶哲軒以調和分析中出色的貢獻獲得了菲爾茲獎，年僅三十一歲，成為繼丘成桐之後第二個獲得菲爾茲獎的華人數學家。除此以外，陶哲軒還獲得大大小小的各種數學獎不計其數。對於成功，陶哲軒有自己的看法：「我沒有超能力，和其他數學家相比，我的思維可能不太一樣。很多人都希望直接得到問題解決的方法，但我考慮的是研究解決問題的策略，如果把這個策略研究明白，問題的解決就是水到渠成了。」

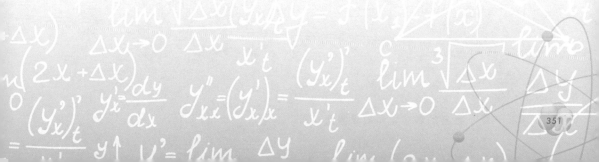

【TIP 8】

　　陶哲軒和很多孤僻的數學天才不同，他性格溫和，易於接觸和交流。他的父親對自己的兒子毫不吝惜讚美之詞：假如你的孩子是天才，你大概會希望他像哲軒一樣，是一個容易親近的天才，他從來沒和別人爭執過，想的都是怎麼開心地和別人合作，而不是相互指責，爭權奪利。加州大學洛杉磯分校數學系前主任約翰‧加內特也說，陶哲軒與合作者可以組成世界上最強大的數學系。

92

ＡＢＣ猜想

望月新一

近期，一種叫做比特幣的虛擬貨幣成為網路上受人關注的話題。除了很多發燒友安裝高配置顯卡用來挖礦——比特幣挖掘以外，很多人關注，比特幣的發明者「中本聰」到底是誰。西元二〇一三年，一位美國數學家宣稱他已經發現了誰是中本聰，這就是著名數學家望月新一。為此，在這個數學界以外很少被瞭解的數學家望月新一一時間成為眾多媒體採訪的對象。雖然後來媒體輾轉查

望月新一。

到了中本聰另有其人，但望月新一發表的一篇論义又讓他成為媒體的焦點。

　　望月新一西元一九六九年三月二十九日出生於日本東京，著名數學家，執教於日本京都大學。在二〇一二年，望月新一在京都大學數學系主頁上發布了四篇關於ＡＢＣ猜想證明的論文，他向世界宣告自己已經解決了ＡＢＣ猜想。一時間，很多媒體仕陶哲軒之後又把鏡頭聚焦到數

學界。

　　ＡＢＣ猜想是數學家喬瑟夫・奧斯達利及大衛・馬瑟在一九八五年提出一個猜想，和哥德巴赫猜想一樣，這個猜想是關於質數關係的問題：對於任何 $\varepsilon>0$，存在常數Ｃ，當 $\varepsilon>0$，並對於任何三個滿足 a+ b= c 及 a,b 互質的正整數 a,b,c，有：c<C ε rad（abc）1+ ε 。其中，rad（n）表示 n 的質因數的積，比如 rad（12）= rad （2×2×3）= 2×3 = 6 。

　　在一九九六年，愛倫・貝克提出一個較為精確的猜想，用 rad（n）取代，表示成 ε^{-w}rad（n）其中 ω 是 a,b,c 的不同質因數的數目。

　　ＡＢＣ猜想看起來只有一個公式，但實際上它是一個包括了費馬大定理等眾多數論未解之謎終極問題，也就是說，如果解決了ＡＢＣ猜想，不管是希爾伯特的二十三個問題，還是克雷數學研究所的百萬美元大獎問題，都能迎刃而解。

　　望月新一宣稱解決了這個問題，數學界既感到驚訝，又感到理所應當。驚訝的是這個問題太難了，有數學家認為現有的理論已經無法對其進行研究，如果要解決就一定要找到新的工具。理所應當是處於他們對望月新一的瞭解，這個數學家是善於解決難題著稱的，在美國工作期間，同事不會的問題都會向他請教，而他也總能不負眾望地提出關鍵的見解。

　　望月新一已經很久沒有研究成果了，據說他為了解決ＡＢＣ猜想，已經獨立思考了二十年，就是為了創造一種新的理論來啃這塊硬骨頭。

　　按照道理，類似於安德魯・懷爾斯解決費馬大定理之後的蜂擁而至，很多數學家應該早就把望月新一的文章放在案頭床前開始審閱了。

但說起驗證他證明的正確，整個數學界裡靜悄悄的，誰也不願意去審稿。原來，望月新一的證明並不是普通的證明，他不僅沒有用到前人任何關於這個猜想的結果，反而是自己發明了一套理論，用了很大篇幅才完成。

要弄清楚證明的正確性，首先要先學習望月新一在此之前的一本著作。這本關於遠阿貝爾幾何的鉅著竟然有七百五十頁。本來世界上在遠阿貝爾幾何上研究的數學家就少，能看懂這本書就更少了，根據統計全世界甚至都不到五十人能看懂。即使這五十個人都看懂了這篇論文，那麼等待他們的將是網上那篇證明的論文，足足有五百一十二頁！一般情況下，發表在高水準期刊上的論文大多直接引用前人的成果，簡略去寫只能壓縮到二十多頁，最多如懷爾斯關於費馬大定理的證明也只有一百多頁，但即便是這二十多頁也要經歷少則幾個月，多則幾年的檢查和驗證，而檢查這篇五百多頁的論文有可能是數學家一生的工作量！

為了能快速推動這篇文章的審查，澳大利亞數學家陶哲軒、韓國數學家金明迴等相關領域數學家一起進行了論文的審閱，出人意料的是，他們也放棄了。用陶哲軒的話說，這篇文章的高深讓他難以看懂。翻開證明發現，整篇文章，望月新一都在建構一個新的數學學科！裡面充滿了他自己獨創的理論——宇宙際 Teichmüller 理論，而類似「外星運算元」這樣數學家們從來沒有聽說的詞語在文章裡隨處可見。就連望月新一都稱自己為宇宙際幾何學者。

目前，望月新一的論文還沒有找到足夠數量和足夠能力的數學家審閱，也許在我們的有生之年，望月新一的論文都無法得到驗證，但數學家都樂觀地估計，儘管論文中的小錯誤不可避免，但大家對望月新一很

有信心，他的論文很有可能是正確的，一旦被證明正確，那麼一個新的數學學科就誕生了。

【TIP 8】

　　儘管望月新一的證明很難被看懂，但在西元二〇一四年八月韓國召開的國際數學家大會上，望月新一還是被邀請在大會上做一個小時的報告。國際數學聯合會希望藉數學家大會讓全世界相關領域的數學家都參與到望月新一理論的研究中。

93

愛因斯坦的數學老師
閔考夫斯基

在現代物理學兩大支柱——量子力學和廣義相對論，都要用到非常高深的數學進行研究和表達，但當時的數學並不能達到物理學家的要求，就好像礦工發現了一座巨大的金礦，卻沒有工具一樣。幸好一位數學家橫空出世，解決了量子力學和廣義相對論的數學基礎，使現代物理學飛速發展，這個數學家就是德國人赫爾曼·閔考夫斯基。

閔考夫斯基。

閔考夫斯基出生在俄國，父親是一個有錢的富商。由於俄國政府的迫害，他們被迫搬到數學之城——哥尼斯堡。在這裡，閔考夫斯基認識了希爾伯特——這個未來的數學無冕之王，兩人結成了一生的友誼。閔考夫斯基的父親非常重視孩子們的教育，大哥馬克思·閔考夫斯基在俄國的時候受到迫害不能去學校讀書，最後也成為一位出色的商人，二哥奧斯卡·閔考夫斯基成為一位著名的醫學家和生物學家，也是胰島素的發現者。

在大學的時候，閔考夫斯基打下了堅實的數學基礎。西元一八八一年，法國科學院向全世界徵集數學難題的解答：證明任何一個正整數都可以表示成五個平方數之和。當年閔考夫斯基年僅十七歲，但他還是很快地解決了這個問題，甚至做出的結果要遠超過問題本身。由於哥尼斯堡距離法國很遠，同時比賽規則要求用法語寫作，閔考夫斯基得到這個消息時已經來不及了，但他還是把自己的文章投稿過去。

第二年，十八歲的閔考夫斯基和英國數學家亨利·史密斯同時得獎。

閔考夫斯基讓數學家們津津樂道的不僅是他年少成名，還有他對另外一位後來成名的物理學家的指導。閔考夫斯基有一段時間在蘇黎世大學擔任數學教授，他發現有一個學生經常曠課，閔考夫斯基很生氣，他狠狠地批評了這個學生，甚至說他是個懶蛋。過了幾年，這個「懶蛋」學生，發表了他一生中最重要的貢獻之一——狹義相對論，震驚了整個世界，而這個學生就是愛因斯坦。

相傳，閔考夫斯基聽聞愛因斯坦獲得極高的成就之後，高興地說：「真沒想到這個小子還挺聰明的。」

在狹義相對論之後，愛因斯坦發現，狹義相對論無法完美地解釋引力場現象，而想要研究出更好的理論自己的數學能力嚴重不足。這時，他想到了自己的數學老師閔考夫斯基，在閔考夫斯基的引導下，愛因斯坦潛心學習了七年的黎曼幾何，終於在一九一五年完成了廣義相對論。

在閔考夫斯基短暫的研究生涯中，數論、代數和數學物理上都發生了翻天覆地的變化。在對二次型的研究中，閔考夫斯基深入高斯、狄利

克雷等數學家的工作，建立了一套包含他們研究成果的二次性理論，並建立了完整的體系。和其他數學家從代數結構入手研究不同，閔考夫斯基用幾何方法——把抽象的代數式轉化成一個凸多面體——進行研究，建立了一套完整的「數的幾何」理論，而在各種教材中出現的閔考夫斯基不等式，就是其中的副產品。

閔考夫斯基對物理學非常感興趣，但在最開始，他並沒有研究相對論和量子力學的數學工具，而是幫助物理學家赫茲研究電磁波。一九○七年，他創造性地把黎曼幾何用在了物理中，產生了意想不到的效果，而這正是證明廣義相對論的關鍵之處。而他創造出的三維空間加上一維時間的四維空間，也被命名為閔考夫斯基空間，成為描述相對論的標準語言。

閔考夫斯基沒有看到他的學生愛因斯坦利用他的數學工具完成廣義相對論。一九○九年，閔考夫斯基突然患上了急性闌尾炎——現在這種病對醫生來說不足為奇，更是每一個臨床醫學學生都會做的手術，但在當時還沒有發明青黴素等強力消炎藥，閔考夫斯基因此去世，年僅四十五歲。

我們常說名師出高徒，顯然這句話有失偏頗，名師不能保證每個學生都能成才。但如果反過來說「高徒一定來自於名師」這句話就基本正確了。迄今為止，人類的知識已經不是文藝復興時期的數學家靠自學就能完成的了，一定要有老師的指點，甚至為學生的前進鋪路。愛因斯坦師從閔考夫斯基，施瓦茨師從魏爾斯特勞斯，范德瓦爾登師從諾特，都顯示了老師對學生的重要性。因此即使把廣義相對論的功勞分一半給閔

考夫斯基，相信愛因斯坦也會十分贊成。

我們所在的空間中是三維空間，實際上，我們能感知到的空間是閔考夫斯基提出的四維空間：除了長、寬和高以外，還有一個時間的座標軸。不同速度的物體時間流逝的速度不同，根據相對論可知，速度越快，時間的流逝越慢，即一個高速運行物體的時間要慢於靜止的時間，換算公式為：

$$t = \frac{t_0}{\sqrt{1 - \left(\dfrac{v}{c}\right)^2}}$$

其中，t_0 表示靜止的時間，t 表示運動物體的時間，v 表示運動速度，c 表示光速。

94

遲到的學生

丹齊格

西元一九四七年的一天，在加州大學伯克利分校的校園裡，一個博士生向數學系所在的教室狂奔，他心裡非常擔憂：昨天晚上睡得太晚了，今天這堂課肯定要遲到了。這堂課是數學家傑西・奈曼的統計學課程，奈曼教授對學生要求非常嚴格，自己肯定會被他抓住狠狠地罵一頓。好不容易到了教室，卻發現奈曼教授早已經下課了，教室裡三三兩兩的同學們也正收拾東西準備離開。這位博士生很沮喪，抬頭卻發現黑板上有兩道試題。「這一定是作業，我得好好完成，讓教授以為我已經來上課了。」博士生心裡想著，於是他拿出筆把這兩道題原封不動地給抄下來。

在未來的幾天內，博士生越來越後悔上課遲到，因為他沒有聽到奈曼教授的新課，所以這些題目對他來說實在太難了。不過他還是咬牙克服了這些困難，用了一個星期發明了新的方法解決了這兩道題，並送到奈曼教授的辦公室裡。

「什麼？這是上個星期的作業。」奈曼教授扶了扶眼鏡，「我上個星期沒留作業。」

博士生感到奇怪，那這兩道題是什麼？突然奈曼教授兩眼放光，他

擺了擺手。

「你先回去，這兩道題我檢查一下。」

博士生只能退出辦公室，他以為奈曼教授已經發現了他缺了課，心中很忐忑，只能等著教授最終的處罰。

過了幾天，奈曼教授召喚博士生到他的辦公室來，高興地告訴他說，這兩道題根本不是什麼作業，是當今數學界沒有解決的難題，自己為了讓同學們見識一下才寫到黑板上的，沒想到你竟然把這個當作業做了。我已經檢查了你的解題過程正確無誤，並且也幫你寫好了論文，就差為你發表了。同時恭喜你，因為這篇論文直接獲得博士學位。

奈曼教授所出的難題就是工業生產中常用的線性規劃，而這位博士生就是後來成為美國著名的運籌學、統計學專家丹齊格，他所採用的方法就是線性規劃中最初的處理方法——單純性法。根據數學家評比，在所有的計算數學演算法中，這個方法可以進入前十名，也是迄今為止，線性規劃中最優的演算法。

一時間各種名譽向丹齊格湧來，他不僅成為美國國家科學院院士、美國國家工程院院士，還獲得了國家科學獎和馮·諾依曼理論獎。為了表彰他的功績，美國數學規劃協會還設立了丹齊格獎，用於獎勵在數學規劃上有突出貢獻的數學家。和創造新理論的數學家不同，丹齊格擅長解決高深問題。面對大家的讚揚，丹齊格說他的解題能力都是訓練出來的。

丹齊格的父親是一位前蘇聯數學家，曾經在法國師從於著名數學家龐加萊，在丹齊格年幼的時候，他的父親就開始教授他數學，但事與願

違的是，直到丹齊格上國中，他的數學成績還不及格。見到他的人都諷刺他說：「你的父親是位數學家，聽說還跟龐加萊學習過，但是你的數學怎麼這麼差？」丹齊格聽了以後，覺得很羞愧，他不僅自己被別人看不起，還讓自己的父親為他蒙羞，實在愧對雙親。於是他開始變得努力學習數學。

很快，丹齊格發現數學其實並不難，他的自信心膨脹，以做數學題為樂趣。甚至在高中的時候，他就向父親索取幾千道題經過反覆演練。成名後的他回憶道：「在我還是個國中生時，他就讓我做幾千道幾何題……解決這些問題的大腦訓練是父親給我的最好禮物。這些幾何題，在發展我分析能力的過程中，發揮了最最重要的作用。」

現在，線性規劃和丹齊格發明的單純性法幾乎深入到每一個工程科學。而由這個方法衍生出來的對偶單純性法、懲罰函數法也成為每一個數學系學生必須學會的內容。解決了線性規劃後，數學家們開始攻關非線性規劃的問題，而丹齊格的思想也取得了豐碩的成果。

在社會上，經常充斥著很多詬病「數學太多，太艱難」的抱怨，甚至很多所謂的對數學很瞭解的人會說「數學題很難，沒有必要做這麼多」，「理解思想就可以，數學要有原創」等等這樣的話。但實際上，解題對於理解抽象的數學是很有幫助，丹齊格就是這樣的例子。無獨有偶，當今中國微分幾何界的權威，青年數學家田剛院士，在大學本科四年間，就額外做了三萬道數學題，而他的專業竟然是物理。因此，如果沒有這麼多的累積，丹齊格和田剛是無法取得這麼高成就的。

前蘇聯的數學家深諳數學練習之道，其中最有名的是里斯·帕夫洛維奇·吉米多維奇編寫的《數學分析習題集》，這個習題集一共有近五千道題，涵蓋了數學分析的全部內容，在五〇年代就被引入中國，至今仍然是數學分析中最好的習題集。

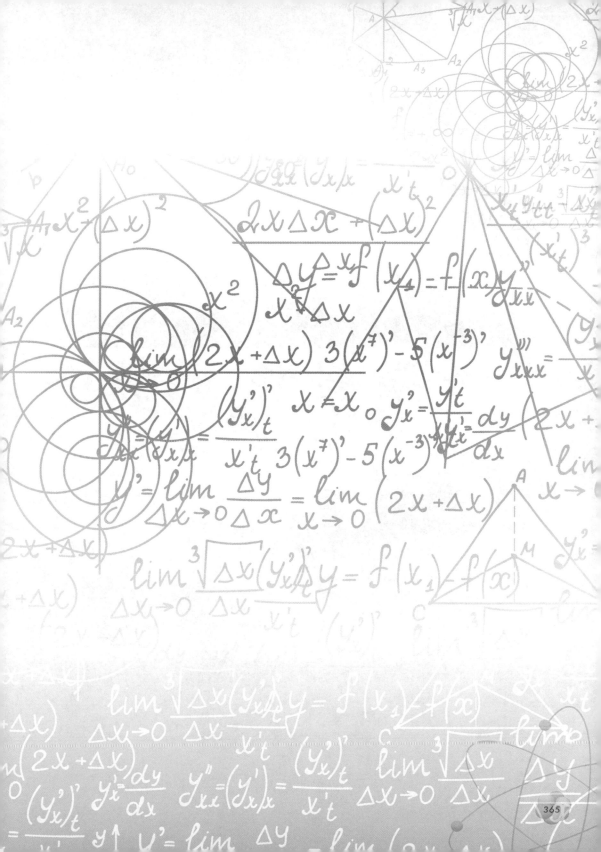

第十一章

數學學派、數學
大獎與數學競賽

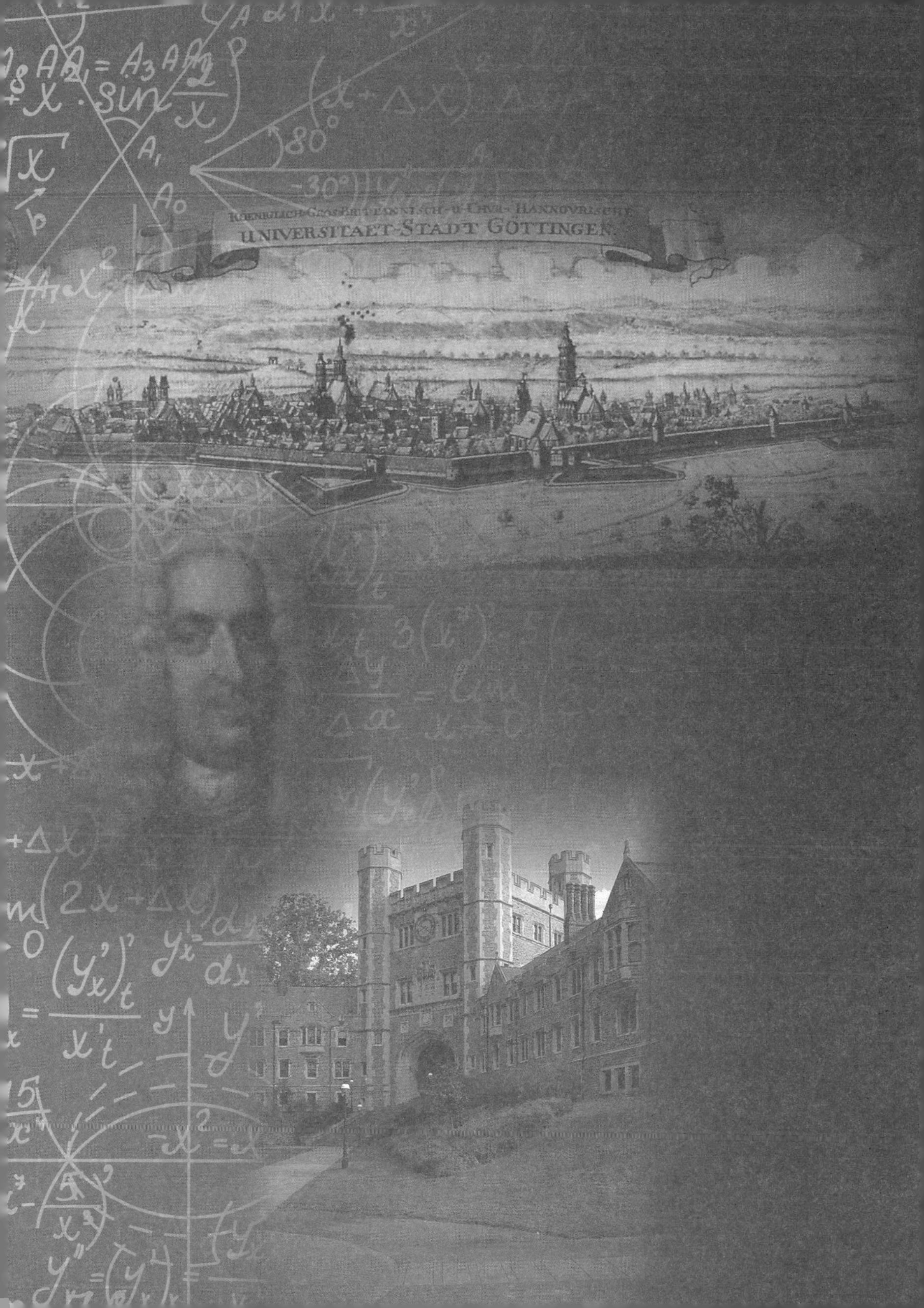
UNIVERSITAET-STADT GÖTTINGEN.

95

世界數學的搖籃

哥廷根數學學派

　　在數學研究中，資訊和成果的交流和共用是非常重要，很難想像如果數學家各忙各的，數學能否發展成現在這樣龐大而細分的學科，從某種意義上說，數學研究是一項集齊全人類所有智慧而推進的一項科學活動。既然數學的研究需要團隊，那麼數學學派就應運而生了。

　　數學學派的分類方式有三種，一種是按照數學研究的方法進行劃分，比如邏輯主義學派、直覺主義學派、形式主義學派和結構主義學派；一種是按照創始人進行劃分的，比如波拉圖學派、比達哥拉斯學派等；另一種則是按照研究的地域進行劃分，不同數學家之間相互影響和促進，在某些地區形成了很強的數學科研實力。在十九世紀到二十世紀初期，在德國的哥廷根數學學派就是其中傑出的代表。

　　要說哥廷根數學學派，就一定要從哥廷根大學說起。哥廷根大學全名喬治——奧古斯都——哥廷根大學，位於德國西北部德克薩斯州的哥廷根市，哥廷根市和劍橋大學一樣，整個城市就是一個大學。這個大學成立於西元一七三四年，當時英國國王同時也是德國漢諾威大公喬治二世決定在哥廷根成立一個弘揚學術自由的大學，在哥廷根大學開辦初

西元一七三五年的哥廷根。

期，設有神學、法學、哲學和醫學四大學科。其中以哲學下屬的自然科學和法學最為出名。在創立初期，哥廷根大學成為德國乃至整個歐洲的學術中心，甚至法國皇帝拿破崙都在這裡學習法律。

　　在這樣一個學術氛圍濃厚的大學裡，數學家們前仆後繼把數學的發展推向一個個高峰。整個十八世紀，哥廷根大學就是歐洲的科學研究中心之一。「數學王子」高斯在此任教的時候，創立了哥廷根數學學派，一時間吸引了黎曼、狄利克雷和雅可比等人前往哥廷根大學學習和研究。在這一時期，哥廷根大學幾乎經歷了每一個嶄新的數學概念的誕生，儘管當時在歐洲還有聖彼得堡的俄國科學院和法國的國家科學院，但哥廷根大學也已然成為世界所有數學家心目中的聖地。

　　十九世紀末期到二十世紀初期，哥廷根大學更是擁有了希爾伯特、閔考夫斯基、馮・諾依曼、哥德爾、諾特、阿廷、外爾、波利亞等著名數學家，橫跨當時數學的全部科目，使這一時期的哥廷根大學學派的數

369

學研究到達了頂峰。在數學的推動下，哥廷根大學的物理和化學也實力超群，擁有奧本海默、波爾、費米、海森堡、卡門、狄拉克、溫道斯、德拜等物理和化學權威。

哥廷根大學首任校長馮·明希豪森。

一九三三年希特勒上臺，整個德國開始推行沙文主義，非雅利安人種，尤其是猶太人受到了嚴重的迫害甚至屠殺。而在哥廷根大學大多數數學家都是猶太人，他們只能遠離哥廷根大學尋找可以得到庇護的國家，他們之中的大多數都前往美國，而美國一躍成為世界數學中心和科技強國，一直到現在還在遙遙領先。綿延兩百年的哥廷根數學學派在這場科學家大移民的運動中迅速衰落，也間接導致了與美國進行科技競賽的德國戰敗，而現在的哥廷根大學在國際上已經沒什麼名氣，排名在一百名以外了。

科學的繁榮可以促使國家飛速發展，科學的缺失也會使國家迅速衰落，當我們回憶近兩百年的中國，屈辱不堪的近代史讓每個炎黃子孫都感到顏面無光，也許這一方面是關乎政治問題，但更重要的是，在這段時間裡，中國在數學等其他科技上沒有任何成就。當萊布尼茲演算微積分的時候、當黎曼計算彈道軌跡的時候、當愛因斯坦已經探究出時空的奧祕的時候，當萊特兄弟的飛機已經離開地面的時候，我們還沉浸在天朝昔日的榮耀中，和歐洲的科學家相比好像是兩個世界的人。哥廷根數

學學派和哥廷根大學的衰落給我們同樣的啟示：如果沒有科學，國將不國。

96

史達林的祕密武器

前蘇聯數學學派

　　現在國際上公認的數學強國有三個，一個是獨步天下的美國，一個是有著雄厚數學基礎的法國，另外一個就是俄羅斯了。俄羅斯數學脫胎於前蘇聯的數學學派，在數學上有著不同於美國和法國的特殊貢獻。

　　十九世紀中後期，起源於俄國的前蘇聯數學學派誕生。雖然和西歐相比，俄國的資本主義和工業革命起步較晚，還沒有形成良好的科學環境，但俄國統治者看到了歐洲在科技的促進下發展迅速，也都開始重視科學。西元一七二四年，當時的沙皇彼得一世宣布成立俄國自己的科學院進行科學研究，選址在聖彼得堡，也就是後來蜚聲海內外的聖彼得堡科學院。

　　聖彼得堡科學院在成立之初得到了萊布尼茲等很多科學家的幫助，很多在西歐不得志的數學家也應邀來到俄國從事研究。一時間，聖彼得堡科學院成為和法國巴黎科學院、哥廷根大學同等層次的高水準研究機構。雖然有伯努利等數學家在這裡工作，但和物理、化學等科目相比，聖彼得堡的數學並不出眾，直到十九世紀下半葉，切比雪夫的出現後才有所改觀。

一八四一年切比雪夫畢業於莫斯科大學，一八四七年到聖彼得堡大學工作，直到一八八二年退休。切比雪夫一生的成就眾多，他證明了貝爾蘭特公式、大數定律和中心極限定理，涉及積分學、數論、機率等學科。但即使切比雪夫再出眾，也不能以一己之力形成學派。在他教學的過程中，兩個優秀的學生在他的教導下脫穎而出，逐漸成為國際上著名的數學家。一個是李普雅諾夫，是國際上微分方程的專

彼得大帝肖像。

家，另外一個是瑪律科夫，是世界機率統計的權威學者。

進入二十世紀後，由於十月革命的成功，俄國進入一個全新的時代——前蘇聯。這時的歐洲正在飽受第一次世界大戰的摧殘，很多數學家離鄉背井逃到其他國家，根本沒有時間從事科研活動。反觀前蘇聯，數學家在這黃金時期發揮著他們最大的能量，而聖彼得堡學派也漸漸轉移到莫斯科大學。在函數論方面，葉戈洛夫和他的學生魯金成為國際上知名的數學家，在二十世紀二〇年代，莫斯科的數學家們開始取代法國，成為世界數學的中心。至此，前蘇聯數學學派漸入佳境。

前蘇聯在數學教育和人才培養上和西歐完全不同。西歐的數學更重視從學生的興趣出發，讓學習數學成為學生的意願而不是強迫，進行數學研究的時候也盡量從實際情況出發，做自己最有興趣的，如果遇到不會的再去學習；前蘇聯的數學教育強調數學基礎，要求學生在進入高深

的數學之前一定要在分析、代數、幾何、機率等學科打下良好的基礎，再進入研究課題，而這種方式從網路上流傳的莫斯科大學數學系的考試中就可見一斑。

「據說莫斯科大學數學系有一種考試形式很變態。考試的時候，考官在學生面前放一個大箱子，箱子裡有很多寫滿問題的紙條，學生需要像抽獎一樣自己抽出一個問題，稍作準備就開始解答，準備時間短到根本沒有時間去思考清楚。」正是這樣嚴格的教學方式和所謂「簡單粗暴」的考試方式讓前蘇聯的數學家們在學生時期就打下了良好的基礎，逐步成為前蘇聯數學學派的中流砥柱。

為了發揮這些數學家的聰明才智，前蘇聯和美國一樣非常珍視這些數學天才。一九四一年，納粹德國進攻前蘇聯，由於德國採用的是閃電戰，蘇軍沒有任何準備就喪失了所有的空軍力量。為了重新佔領制空權，史達林打算用民航客機改造成轟炸機。這看似沒有辦法的辦法實際上根本不合理：由於轟炸機的速度比民航客機快得多，經過嚴格訓練的飛行員在民航客機的速度下根本不能做到精準投彈。這時，著名數學家、機率論公理化的第一人安德雷‧柯爾莫哥洛夫帶領團隊，根據民航客機的速度重新修訂了轟炸系統，成功地把客機改為轟炸機。

史達林見識到了數學家的力量，他決定培養更多的數學家為國家效力，這也成為了他的祕密武器。在前蘇聯四十多個城市中，政府供養了很多數學家，這些數學家不用擔心生活和子女的問題，一切都由國家安排。史達林逝世後，從赫魯雪夫、勃列日涅夫一直到戈巴契夫，這些史達林的繼任者仍然非常重視數學，還保留著史達林對數學家的優惠政

策，直到前蘇聯解體前，前蘇聯各個層次的數學研究人員達到一百萬人之多。儘管前蘇聯解體後，很多數學家生活難以為繼到了美國，但前蘇聯數學學派仍然有很強的數學實力。

【TIP 8】

做為社會主義國家，前蘇聯長時間受到西方國家的科技封鎖，和西方沒有任何科學上的交流。在這種情況下，前蘇聯發展出了適合自己的科學發展道路，在數學和物理學等學科取得了很多成果，並且把成果輸出給很多社會主義國家。中國在五〇年代就得到了前蘇聯的援手，不僅派出了很多學者到前蘇聯學習，而且還引進了很多前蘇聯的工程師來華工作。

97

普林斯頓數學學派

　　在希特勒大肆抓捕和屠殺猶太人的時候，德國哥廷根大學的數學家和物理學家們大多逃到了美國。他們接受了美國的庇護，既不用擔心衣食住行，也不用擔心自己的事業停滯，更不用擔心生命安全，他們把全部智慧都奉獻在這個新興的國家，成功地把哥廷根的智庫整個搬到了美國，成就了現在的普林斯頓數學學派。

　　說起普林斯頓數學學派就要從普林斯頓大學說起，普林斯頓大學是美國一所著名的研究型大學，八所常春藤聯盟學校之一。

　　西元一七四六年，普林斯頓大學的前身新澤西學院在新澤西州的伊莉莎白鎮成立，一七五六年搬到普林斯頓，一八九六年改為現名。從創校初期後的很長一段時間裡，普林斯頓大學數學並不出色，甚至可以用一片荒漠來形容，直到畢業於本校的數學家范因從德國拿到博士學位回到新澤西學院任職，普林斯頓的數學才開始騰飛。

　　另外一個對普林斯頓數學有傑出貢獻的數學家是韋布倫，韋布倫在一九〇五年到普林斯頓數學系任教，是當時美國最著名的幾何學家。由於范因和韋布倫都是美國最知名的數學家，所以在美國本土，普林斯頓

大學數學系的名聲開始傳開，普林斯頓數學學派也正式宣告成立。

二十世紀三〇年代，百貨公司老闆路易士‧邦伯格兄妹在新澤西州普林斯頓經商的時候，當地的居民非常照顧他們的生意。做為回報，兄妹倆打算捐款建立一家醫院。

但著名教育家亞伯拉罕‧弗萊克斯納對他們說，建一家醫院治病救人是對普林斯頓居民的回報，而建一個研究所是對整個美國和全世界的回報。考慮再三，兄妹倆改變了主意，聽從建議在普林斯頓大學附近成立了普林斯頓高等研究院。

普林斯頓高等研究院雖然和普林斯頓大學相鄰，但兩者並沒有什麼隸屬關係。和大學裡教授需要教學和發表論文不同，普林斯頓高等研究院對研究員沒有任何學術上的要求，既不需要把大量時間放在教學上，也不用為了在短期出成果而不斷發表學術論文，而這種制度也讓研究員們擺脫束縛，把精力放在更有意義的研究上，維持研究內容在行業內保持尖端的位置。

雖然研究院和大學沒有隸屬關係，但兩者的教授和研究員互有兼職，比如馮‧諾依曼來自數學系，但同時也在研究院工作，而研究院的研究員也經常在大學裡開辦講座，指導學生。哥

布雷爾拱門——普林斯頓大學的象徵性建築之一。

廷根的數學家們帶著家眷登上美洲大陸以後，他們紛紛應邀進入普林斯頓大學和普林斯頓高等研究院工作，這時的普林斯頓瞬間成為了世界數學的中心，形成了普林斯頓數學學派。

普林斯頓數學學派形成之初就有著很強的實力。

我們熟知的二十世紀中後期的數學家基本上都在普林斯頓高等研究院工作過。馮·諾依曼、外爾、莫爾斯、哥德爾、陳省身、華羅庚，一直到現在的佩雷爾曼，都與普林斯頓數學學派有各式各樣的聯繫。而近年來獲得菲爾茲獎和沃爾夫數學獎的數學家中很多都來自普林斯頓高等研究院。

實際上，不僅數學上有普林斯頓學派，在物理和其他學科上普林斯頓有著更強大的實力，研究院中獲得諾貝爾獎的科學家竟然達到了二十七位之多，甚至高等研究院中的歷史研究院、社會科學院也成為其他社會科學家心目中的殿堂。

普林斯頓高等研究院科研實力很強，同時，這裡有優美的環境、優秀的管理制度、無後顧之憂的各種福利，甚至雇傭了精通各種美食的大廚為來自世界各地的科學家服務，全世界最優秀的科學家都渴望到這裡與其他科學家交流和工作。

強者恆強，普林斯頓高等研究院會一直保持它的研究活力和獨步天下的實力，為人類的進步貢獻力量。

在美國的教育系統中，教師階級相差很大，從上到下依次是終身教授、終身副教授、助理教授、訪問教授、講師和兼職講師。其中終身教授、終身副教授和一部分助理教授能得到一個無期限的終身制合約，他們沒有任何的壓力，即便沒有研究成果和課題，大學也不能隨意解雇他們。普林斯頓高等研究院中的科學大家們，大多數都是終身制，沒有壓力的生活能讓他們集中精力進行深奧的科學研究。

98

國際數學三大獎
菲爾茲獎、沃爾夫數學獎、
阿貝爾獎

　　在國際最高科學獎──諾貝爾獎中，有物理、化學、生物或醫學、文學、和平事業和經濟學六個獎項，卻沒有數學獎。

　　關於諾貝爾獎中沒有數學獎的情況，坊間有一個流傳已久的傳說：相傳化學家諾貝爾和數學家萊夫勒曾經同時愛上了來自維也納的女人蘇菲，而蘇菲最終放棄了諾貝爾選擇了萊夫勒。諾貝爾氣憤至極，為此他一生都沒有結婚。由於諾貝爾擔心自己的獎金會被這個昔日的情敵獲得，他為每種科學設置了獎項，唯獨把數學獎排斥在外。現在看來，諾貝爾並不瞭解當時世界數學的發展，他的擔心實在多餘，雖然在當時萊夫勒瑞典科學院院長，也是知名的數學家，但如果設置了諾貝爾數學獎，萊夫勒的貢獻也不足以使他得獎，畢竟他的前面還有好幾十位更有貢獻的數學家呢！

　　數學的重要程度和這六個領域相比更是有過之而無不及。為此，國際上先後設置了三個大獎：菲爾茲獎、沃爾夫數學獎和阿貝爾獎，以表

彰對數學有突出貢獻的數學家。

　　菲爾茲獎是加拿大數學家菲爾茲設立
的。做為一個數學家，菲爾茲並沒有做出
什麼貢獻，但做為一個數學推廣家，他名
副其實。西元一九二四年，國際數學家大
會在加拿大的多倫多召開，做為加拿大最
著名的數學家，菲爾茲籌備並主持了這個工
作。會議結束後，菲爾茲發現大會的預算還
有盈餘，於是他打算把這多出來的錢設立一
個國際數學獎。

菲爾茲最為人所知的成就是他設
立的菲爾茲獎。

　　為了尋求支持，菲爾茲往返於歐美的數學強國尋求全世界數學家的
支持，但由於交流不順暢且時間緊迫，直到菲爾茲去世，這個獎項也沒
有設立，而他也立下了把自己遺產做為獎金的遺囑。在一九三二年瑞士
蘇黎世召開的第九次國際數學家大會上，大會通過了設立國際數學獎的
建議，雖然菲爾茲生前要求這個獎不應該由國家、機構和個人來命名，
以維持它的國際性，但大會還是決定把這個獎命名為菲爾茲獎，以紀念
菲爾茲為國際數學交流做出的貢獻。從此，在每四年一屆的國際數學家
大會上，經過國際數學聯盟評定，菲爾茲獎會授予二到四位有突出貢獻
的數學家，同時為了鼓勵年輕人為數學做出貢獻，菲爾茲獎只授予四十
歲以下的青年數學家。

　　儘管菲爾茲獎的獎金很少，只有區區的一千五百美元，但它的含金
量和展現的精神要遠高過諾貝爾獎，它的意義在菲爾茲的金質獎章上就

有所表現，獎章正面刻著古希臘數學家阿基米德的頭像，而背面的拉丁文正是全世界數學家的宏願：超越人類極限，做宇宙的主人。

　　沃爾夫數學獎是沃爾夫獎的一個獎項，也是和菲爾茲獎齊名的數學獎。沃爾夫是德國化學家，因為成功發明了爐渣回收鐵的方法而成為富豪，他的鉅額遺產被設立了沃爾夫基金會，用以表彰在科學上有突出貢獻的科學家。為了表彰這些在數學上有突出貢獻，並且終身奉獻數學研究的數學家，沃爾夫基金委員會特設了沃爾夫數學獎。沃爾夫數學獎獎金為十萬美元，由得獎者平分。除了沃爾夫數學獎以外，還有物理、化學、醫學、農業五個獎，中國雜交水稻專家袁隆平院士就曾經因超級稻的研究而獲得過沃爾夫農業獎。

　　二○○一年，為了紀念挪威數學家阿貝爾誕辰兩百週年，挪威政府設立了阿貝爾獎。為了擴大數學研究和阿貝爾獎的影響力，阿貝爾獎的標準和諾貝爾獎幾乎相同，獎金也和諾貝爾獎不相上下。評獎專家均由挪威科學院指定，中國著名數學家田剛也是評審委員之一。

【TIP 8】

　　在西元二○一四年韓國召開的國際數學家大會上，菲爾茲獎從一九三六年誕生以來首次頒發給女數學家。得獎者瑪利亞姆・米爾札哈尼年僅三十七歲，是在斯坦福大學工作的伊朗籍數學家，曾經獲得過一九九五年國際數學奧林匹克金牌。

99

群星璀璨
數學各分支重要獎項

　　數學有幾百個分支，同時數學和其他科學結合越來越緊密，產生了諸多應用。對於這個過於龐大且分散的學科，很難比較數學家之間的貢獻，為了鼓勵數學家紮根於每個數學中的每個分支，除了菲爾茲獎、沃爾夫數學獎和阿貝爾獎以外，還設有很多數學分支獎項。

　　在國際數學家大會上，除了萬眾矚目的菲爾茲獎外，也會頒發羅爾夫，內萬林納獎。西元一九八二年，國際數學家聯合會接受了芬蘭赫爾辛基大學的捐贈，以紀念赫爾辛基大學校長、國際數學家聯合會主席羅爾夫·內萬林納。由於數學中的資訊與計算科學對電腦領域有著重要的作用，所以電腦領域的發展也是數學的發展。羅爾夫·內萬林納獎就是表彰那些在資訊與計算科學有突出貢獻的數學家而設立的，它的含金量與電腦領域的「諾貝爾獎」——圖靈獎幾乎相同。

　　高斯獎是國際數學家大會上的第三個獎項，設立於一九九八年，由國際數學家聯合會和德國數學家聯合會共同頒發。由於高斯不僅是一位傑出的數學家，更是一位出色的天文學家和物理學家，他把很多數學成果都應用在其他學科中取得」重大成就。因此，高斯獎用於獎勵在應

用數學方面取得傑出成就的數學家。比如日本數學家伊藤清就因為他在「隨機過程解釋布朗運動等伴隨偶然性的自然現象」的工作中奠定了基礎，並且在金融領域中得到廣泛應用，而獲得第一屆高斯獎。

為了表彰分析領域數學家的出色工作，美國數學學會在一九二三年設立了博謝獎，這個獎是以美國分析幾何學家馬克希莫·博謝的名字命名的。和其他數學獎的國際性相比，這個獎項獲得資格似乎有些苛刻，得獎的數學家必須在北美的數學學術雜誌上發表，或者美國數學學會會員提名才可以獲得，但考慮到最初的獎金的來源是所有美國數學學會會員們捐款籌集的，因此也可以理解。

相較博謝獎，美國數學學會的柯爾獎更不「國際化」，柯爾獎分為數論獎和代數獎，只頒發給有卓越貢獻的美國數學學會會員，或者在美國數學學術刊物上發表文章的人。

在組合數學的歷史上，「數學超人」歐拉為之奠定了基礎，為了紀念歐拉，在國際組合數學與應用年會上會頒發歐拉獎。雖然組合數學在數學領域並沒有分析學、幾何學和代數學那麼熱門，組合數學家也沒有機會獲得菲爾茲獎，但歐拉獎彌補了這個空缺。

有趣的是，由於一些數學家的突出貢獻，不同數學機構和組織都會以這些數學家的名字命名各自的數學獎。美籍匈牙利數學家喬治·波利亞在一九四〇年移居美國，他不僅在數學研究上有很多成果，同時也因為在數學教育上的貢獻而被世人所知，他著有《怎樣解題》、《數學的發現》和《數學與猜想》等著作，已經成為數學教育界的聖經。而設置波利亞獎的機構和組織竟然多達三個！除了美國數學學會和美國工業與

應用數學學會分別頒發的兩個獎項以外，和波利亞似乎一點關係也沒有的倫敦數學協會也設置了一個波利亞獎。

無獨有偶，為了表彰陳省身在國際微分幾何界的突出貢獻和提高華人在國際數學界的形象，中國數學會在一九八六年設置了陳省身獎。而在二〇〇九年，國際數學家聯合會又設置了陳省身獎，並在四年一屆的國際數學家大會上頒發。而這兩個獎的名稱上也做了一些小區別，前者為陳省身數學獎，後者是陳省身獎章。

在最新設置的獎項中，數學突破獎是最引人注意的一個。數學突破獎是科學突破獎中的一個獎項。獎項贊助人都是國際知名的新科技企業家，包括俄羅斯著名投資人、億萬富豪尤里·米納爾、Google 聯合創始人謝爾蓋·布林夫婦、Facebook 聯合創始人馬克·札克伯格夫婦、阿里巴巴創始人馬雲夫婦和蘋果董事長亞瑟·萊文森等。

尤里·米納爾在談到創立這個獎項的原因時說，在幾十年前，媒體除了宣傳政治人物外，還會宣傳像愛因斯坦這樣對人類有巨大貢獻的科學家，而當今世界卻到處充斥著球星和歌手的宣傳。為了激勵科學家不斷做出貢獻，他們特別設立了這個獎項。

也許是有感於科學技術為他們帶來了大量的財富，這些富豪們飲水思源，才設立了這個獎項。當然，這些富豪們也不會吝惜獎金，每個得獎者可以獲得三百萬美金，相當於解決了克雷研究所三個千禧年大獎問題。

除此以外，為表彰本國數學家，各個國家也設立了一些獎項。比如中國就設立了鍾家慶數學獎、華羅庚數學獎、晨興數學獎、熊慶來數學

獎等獎項。數學獎的設立象徵著世界各國已經越來越重視數學對人類發展的重要作用，也意味著，今後這些為數學奮鬥的、最聰明的人不再重複阿貝爾等數學家飢寒交迫的悲劇。

【TIP 8】

西元二〇〇八年，國際著名數學家丘成桐和泰康人壽保險股份公司聯合設立了丘成桐中學數學獎。丘成桐數學獎面向全球的中學生，並不靠數學競賽和試卷評判，而是以數學研究報告和論文形式提交研究成果。世界各國著名數學家擔任評審，他們希望在這個競賽中找到下一個數學天才。

100

青少年的數學戰場
國際數學奧林匹克競賽

　　在十八、十九世紀，很多數學家都在他們十幾歲的時候就取得了很大的成就。高斯在十九歲的時候用尺規做出正十七邊形，伽羅華在十七歲的時候創立了抽象代數，在十歲之前就能快速心算四位數字的加減乘除，理解並熟練運用微積分甚至看懂當時數學家高深論文的天才不勝枚舉。可見在數學上，總有那麼一批人有著超人的天賦。為了挖掘數學人才，國際上設立國際數學奧林匹克競賽，以挖掘和激勵青少年數學潛能，為今後的數學研究選拔人才。

　　國際數學奧林匹克競賽是世界上規模和影響最大的青少年數學學科競賽活動，它由羅馬尼亞的羅曼教授發起，始創於西元一九五九年。在第一屆國際數學奧林匹克競賽中，來自羅馬尼亞、保加利亞、匈牙利、波蘭、前捷克斯洛伐克、前德意志民主共和國和前蘇聯的七個東歐國家的五十二名隊員，在羅馬尼亞的布拉索展開角逐。經過五十多年的發展，國際數學奧林匹克競賽參賽隊伍已經擴充到了一百個國家和地區，近六百名選手，這項競賽也成為世界青少年在數學上的最高等級賽事。

　　國際數學奧林匹克競賽的試題內容涵蓋了全部的初等數學，包括函

數論、初等數論、組合數學、平面幾何等，隨著時間的推移，競賽試題的難度越來越大，但這並不要求選手掌握高深的數學知識，而是對數學本質的理解，並具有洞察力、創造力和在數學上的靈活。

國際數學奧林匹克在每年的七月舉行，參賽年齡要求二十歲以下，東道國承擔經費並擔任主席，試題和解答則由其他會員國提供，東道國負責評議和選取其中的六道題做為最終題目，這些題目用四種國際數學奧林匹克競賽官方語言撰寫，並透過各國國家領隊翻譯成本國語言分發給選手。每隊隊員不超過六人，正副領隊各一人，競賽活動分三天，前兩天上午各測試三道題，共用時四個半小時，第三天為遊覽活動。

國際數學奧林匹克得獎人數佔所有參賽人數的一半，根據分數段評出一、二、三等獎的獲得者，並分別授予金、銀、銅牌；如果某個選手在試題的解答上提出了有獨創性的證明，或者在數學上給出了有深遠意義的解答，還會獲得評審委員會頒發的特別獎。實際上，特別獎獲得要比一、二、三等獎苛刻的多，目前為止，獲得特別獎的人很少。另外，國際數學奧林匹克還設置了榮譽獎，獎勵那些沒有獲得一、二、三等獎，且至少有一道題滿分的選手，這也激勵了參賽國和選手對競賽的興趣。

在國際數學奧林匹克競賽中，曾經出現過令出題者啼笑皆非的事情。在上個世紀九〇年代的一次競賽上，某個數學題目的證明過程中涉及到了費馬大定理，但在命題的時候，費馬大定理還只是費馬大猜想，並沒有得到證明。出題者的意圖是讓選手們繞過這個猜想證明。沒想到到競賽那一天，一位選手直接使用了費馬大定理，但評審委員會也只能算他正確，因為就在前幾天，安德魯・懷爾斯就向世界宣布費馬大定理已經得到解決。

現在活躍在國際數學界的數學家們，很多都是當年國際數學奧林匹克競賽的得獎者，其中最有名的是俄羅斯的佩雷爾曼和澳大利亞的陶哲軒。佩雷爾曼獲得了此類競賽歷史上的第一個滿分（每題七分，共四十二分），陶哲軒獲得金牌的時候還不到十三歲，而其他選手大多都是十七、十八歲。中國人口眾多，要從相當於其他國家總人口的近千萬青少年學生裡脫穎而出參加國際數學奧林匹克，並不是那麼簡單的事情，甚至有時還要靠運氣。首先學生們要經過數學省級聯賽的選拔，在幾十萬人中取得前幾名，組成省隊參加中國數學奧林匹克，然後根據成績選擇前幾十人組成國家集訓隊參加競賽冬令營，由專門負責競賽的大學教授授課，這幾十人中再經過大大小小的各種考試，最後選擇六名選手組成國家隊，參加國際數學奧林匹克。經過層層選拔的學生，已經經過千錘百鍊而實力超群，近幾年中國隊的成績也處於世界領先，幾乎全部選手都能獲得金牌。

【TIP 8】

數學研究和數學競賽從內容和方法上大相徑庭，沒有什麼聯繫。競賽取得了好成績的選手可能做不好數學研究，而數學研究有成果的數學家，在數學競賽上可能一無是處，類似佩雷爾曼和陶哲軒這樣，既擅長數學競賽又精於數學研究的數學家少之又少。

國家圖書館出版品預行編目資料

關於數學的100個故事／王遠山著.
－－第一版－－臺北市：宇河文化 出版；
紅螞蟻圖書發行，2017.09
面 ； 公分－－（ELITE；55）
ISBN 978-986-456-292-3（平裝）

1.數學 2.通俗作品

310 106012608

ELITE 55

關於數學的100個故事

作　　者／王遠山
發 行 人／賴秀珍
總 編 輯／何南輝
責任編輯／韓顯赫
校　　對／江一帆、周英嬌、賴依蓮
美術構成／沙海潛行
出　　版／宇河文化出版有限公司
發　　行／紅螞蟻圖書有限公司
地　　址／台北市內湖區舊宗路二段121巷19號(紅螞蟻資訊大樓)
網　　站／www.e-redant.com
郵撥帳號／1604621-1 紅螞蟻圖書有限公司
電　　話／(02)2795-3656（代表號）
傳　　真／(02)2795-4100
登 記 證／局版北市業字第1446號
法律顧問／許晏賓律師
印 刷 廠／卡樂彩色製版印刷有限公司
出版日期／2017年9月　第一版第一刷
　　　　　2019年3月　　　　第二刷

定價 320 元　　港幣 107 元

ISBN 978-986-456-292-3　　　　Printed in Taiwan